エンジニアのためのマネジメント入門

佐藤大典

技術評論社

エンジニアのためのマネジメント入門

目次

はじめに 7

第1章
こんにちは、マネージャー 9

1-1. あなたは転職した 10

マネジメントの歴史 11

1-2. マネジメントのはじまり 12

リーダーになること 12

リーダーとマネージャーの違い 14

組織の成果に責任を持つ者 16

1-3. エンジニアリングマネージャーとは何か 18

マネジメントドメイン 18

エンジニアリングマネージャーの業務 20

マネージャーのキャリア 21

1-4. 本書の読み方 23

第2章
対話の基礎を学ぶ 25

2-1. コミュニケーションを支える技術 26

ティーチング 27

コーチング 33

フィードバック 39

メンタリング 43

2-2. 対話のフレームワーク 53

1on1と経験学習 54

1on1の進め方 …… 56

2-3. 会議の進め方 …… 59

定例会議症候群 …… 60

会議の壊し方 …… 60

ファシリテーション …… 62

質の高い会議にする4つのテクニック …… 66

合意の作り方 …… 67

第3章

チームをエンジニアリングする …… 69

3-1. マネージャーが「指示待ちチーム」を作ってしまう …… 70

「指示」の使い方 …… 71

マイクロマネジメント …… 72

委譲はマネージャーのスキル …… 73

3-2. リーダーシップスタイルを使いこなす …… 75

チームのフェーズ …… 76

6つのリーダーシップスタイル …… 78

リーダーでありサーバントである …… 82

マネージャーのフォロワーシップ …… 85

3-3. 良いチームの作り方 …… 86

良いチームとは …… 87

心理的安全性 …… 88

5つの因子 …… 89

人間らしい課題 …… 91

3-4. 別れと向き合う …… 92

退職コストを知る …… 93

バス係数を高める …… 94

3-5. 良いチームが価値を生むとは限らない 95

マネージャーは価値を生むのか 96

マネージャーも目標も要らないチーム 98

第4章

組織のマネジメント 101

4-1. 組織構造は語る 102

組織の基本型 103

組織構造の特性 105

組織構造に従うな 107

4-2. 組織とシステム 112

組織構造とシステムの関係 113

組織をソフトウェアにたとえる 114

組織のデバッグ 115

4-3. 組織は人から成る 116

マネージャーの視座 117

分業が作り出すもの 118

ステークホルダーと関わる 120

第5章

戦略実現のためのマネジメント 125

5-1. 戦略とは何か 126

戦略の構造 126

戦略プランニング 127

戦略は計画するだけではない 128

5-2. 内部環境と外部環境 …… 129
ケイパビリティとメトリクス …… 130
組織文化の醸成 …… 132
組織の知識 …… 134
5-3. 戦略の実行 …… 137
予算と指標の測定 …… 137
目標によるマネジメント …… 145
ビジョンによるマネジメント …… 151
5-4. 組織デザイン …… 154
チームをデザインする …… 155
エンジニアリングチームのデザイン …… 156
組織デザインは決断 …… 162
5-5. 決断せよ、マネージャー …… 162
時間をかけても良い決定にはならない …… 163
意思決定の責任と権限 …… 164
第6章
人材の成功にコミットする …… 165
6-1. 人材採用の進め方 …… 166
応募者プロセス …… 167
人材採用プロセス …… 169
面接担当は責任重大 …… 172
6-2. 育成のための人材の評価 …… 175
人材評価の基本 …… 176
評価フィードバックは慎重に …… 180
納得性の高い評価のために …… 181

第7章
技術とわたしのマネジメント ……… 187

7-1. テクノロジーマネジメント ……… 188
技術戦略とは ……… 188
技術戦略を描く ……… 190
技術選定 ……… 192

7-2. セルフマネジメント ……… 194
瞬間のマネジメント ……… 194
時間のマネジメント ……… 195
レベルアップ ……… 199

あとがき ……… 203
引用・参考文献 ……… 204
索引 ……… 206

はじめに

2010年代、ソフトウェアエンジニアだった筆者が初めてマネジメントに携わったとき、「マネジメントは何をすればよいのか」と悩んでいました。「マネジメントについて学ぼう」と思っても、何から学べばよいのかわかりませんでした。マネジメントに関する情報や書物は数多くあり、自分にとって何が必要かわからなかったのです。

2010年代後半になり、エンジニアリングマネージャーという言葉が、世の中に認知され始めます。エンジニアリングマネージャーに向けた情報も増え、マネジメント初学者にとっての敷居が下がりました。

一方で、「エンジニアリングマネージャーは何をすればよいのか」と悩む人を見るようになりました。日本には、1万人以上[*1]のエンジニアリングマネージャーが存在すると考えられますが、定義は曖昧で組織によって役割は違います。そのため、人がいうエンジニアリングマネージャーは別のものであり、「何をするのか」はそれぞれ異なっているでしょう。

このような背景により、エンジニアリングマネージャーに関する知識は体系化されていませんでした。そのため、皆が同じような悩みを抱いていたのです。そこで、本書ではエンジニアリングマネージャーに関する知識の体系化を図りました。

エンジニアリングマネージャーになると、「自分はエンジニアではない」という感覚になるかもしれません。事実、エンジニアリングマネージャーは、エンジニアではない別の職務になります。それは、エンジニアキャリアの終焉ではなく、マネジメントキャリアの始まりになるのです。本書をとおして、マネジメントに関す

＊1　約14.5万人のエンジニアがいて(IPA社会基盤センター, 2020)、1チーム7人と仮定すると、約2万のチームが存在します。これらのチーム1つひとつに、1名のマネージャーがいるとします。

る学びの提供と、マネジメントの楽しさをお伝えできると喜ばしい限りです。

本書は、エンジニアのためのマネジメント入門書になりますが、対象読者にはエンジニア以外も含みます。なぜなら、エンジニアリングマネージャーは「一般的なマネージャー」と共通する部分が多くあるからです。誤解を恐れずに言えば、エンジニアリングマネージャーと一般的なマネージャーは同じ役割です。それにあたり本書では、エンジニアリングマネージャーを「マネージャー」という一般的な用語で表記します。エンジニアリングマネージャー固有の事項についてのみ「エンジニアリングマネージャー」と表記します。

第1章
こんにちは、マネージャー

1-1. あなたは転職した

あるロールプレイングゲームでは、ゲーム内の職業（役割）を変えるとき、「レベル1に戻って修行し直す覚悟はあるか」と聞かれます。このゲームでは、職業を変えると今まで上げてきたレベルが下がって、1から再出発する仕様を採用していました。これは示唆的で、「未経験の業種や職種への転職は、人生の再スタートになる」と言っているように感じられます。ゲームの中で「はい」を選択することに迷いはありませんが、現実世界において転職は簡単な選択ではありません。

エンジニアが初めてマネージャーになることは、今までと違う世界へ足を踏み入れる必要があり、転職すると言っても過言ではないでしょう。

エンジニアリングとマネジメントは、まったく異なる分野です。マネージャーは、いくつもの分野における知識体系を駆使して、マネジメントを行うことになるでしょう。エンジニアリングマネージャーは、エンジニアのキャリアのようで実は違う、まさにレベル1からのスタートになります。と言っても、安心してください。今日に至るまでに学んだエンジニアリングの技術は、決して無駄にはなりません。それどころか、マネジメントでも有効なスキルになるでしょう。

求められる能力は大きく変わりますが、転職するほどの覚悟を持って、マネジメントの道に踏み込む人は稀です。上司に頼まれてマネージャーになるケースが、ほとんどではないでしょうか。マネジメントの道に入る動機はさまざまですが、踏み入るにあたって誤った動機があります。それは、「技術についていけなくなったからマネジメントをする」という動機です。マネジメントを、キャリアの逃げ道として考えているようでは、マネジメントでもついていけなくなる日が早々に来るでしょう。

技術を極めるのが途方もない道のりであるのと同じく、マネジメントの道も途方もない道のりです。エンジニアのキャリアとしてマネジメントがあるわけではなく、マネジメントは新しいキャリアの始まりになります。

マネジメントの歴史

そもそも、マネジメントとは何でしょうか。大辞林には「管理すること」と定義されています。一般的には、対象となるものを「管理すること」を総称してマネジメントと呼んでいます。しかし、ビジネスにおけるマネジメントを「管理すること」の一言で片付けるのは浅はかでしょう。その背景を学ぶために、マネジメントの歴史ついて少し踏み込んでみます。

マネジメントの原点は1900年頃に遡ります。この時代に、労働者管理や管理機能というものが研究され、経営管理における「管理すること」の礎が作られました。

企業における「管理すること」について、経営学者ファヨール[*2]は**管理的活動**を定義しました。管理的活動は、企業の活動の1つであり、次の要素から構成されると論じています。その要素とは、計画し、組織し、命令し、調整し、統制するとあります[*3]。

- **計画** — 将来を予測して、企業の戦略を実現するための活動計画や目標を作成する。
- **組織** — 権限と責任の種類を割り付けて、組織体を設計する。
- **命令** — 計画を実行させるために指示をする。これは強制されるべきものではない。
- **調整** — 各チームのアウトプットやコミュニケーションを結合して調和させる。
- **統制** — すべての活動が計画どおりに遂行できているか監視して、状況に合わせて修正をする。

あわせて、ファヨールは管理的機能を遂行するための**管理原則**を提唱しています。管理原則は、すべてで14項目の定義があり、その中でもマネジメントに関わりが強い項目を以下に挙げます。

＊2　アンリ・ファヨール（Henri Fayol）は、「経営管理論の始祖」や「管理原則の父」とも呼ばれています。

＊3　ファヨール理論を継承する管理過程学派からは、ほかにもさまざまな要素が提起されています。本書では、ファヨールの原論を引用します。

- **分業** — 組織は大きくなればなるほど、分業が必要とされる。それにより、職能が専門化して、権限が分化される。
- **権限と責任** — 命令する権限を有し、それに伴う責任を負う。
- **命令の一元性** — 指揮命令系統を一元化し、構成員は一人の管理者から命令を受け取る。
- **指揮の一元性** — 目標達成のための責任者は一人、計画は1つである。
- **階層組織** — 指揮命令を確実にするため、責任者を階層にする。

1970年代に入ると経営学者ドラッカーによって、「マネジメント」が定義されました。それにより、マネジメントという言葉も広く用いられるようになりました。

ドラッカーは、**マネジメントとは組織に成果を上げさせるための機能**だと述べています。機能とは、組織の目的を達成するための手段であり、さらに言えば、人そのものです。マネジメントの対象と責任を負うべきものは、組織の仕事ぶりと成果に関わりあるものすべてになります(Drucker, 1999, p.44)。

ドラッカーが、マネジメントの父と呼ばれるように、彼の理論は現代のマネジメントの基礎になっています。エンジニアリングマネージャーも、マネジメントをする者、いわゆるマネージャーとして、組織に成果をあげさせるために活動をしなければなりません。

では、エンジニアリング組織において、その活動は具体的に何をするのでしょうか。この疑問こそが、本書におけるテーマの1つです。

1-2. マネジメントのはじまり

リーダーになること

新任マネージャーは、小規模チームのプロジェクトリーダーやチームリーダー、あるいは技術リーダーを任せられることからはじまります。これらのリーダーは、自らエンジニアリングの実務を行うとともに、マネジメントも担うことになります。その業務内容から、プレイングマネージャーと呼ばれることもあるでしょう。

プロジェクトリーダーであれば、プロジェクトの成功のためにスケジュール管理やタスク管理などをします。チームリーダーであれば、チームの成果のために開発プロセス管理やチームビルディングなどをします。技術リーダーであれば、プロダクト成果のために技術選定やコードレビューなどを行うでしょう。このように、一口にリーダーと言ってもさまざま業務があります。

たとえば、あるリーダーの一日を見てみましょう。業務としては、まとまりがないものに見えるかもしれません。すでにリーダーとして勤めている方は、自らの一日を思い返してみてください。

図1.2.1 **リーダーの一日**

10:00 - 10:15	エンジニアリングチームの朝会
10:15 - 10:30	メールやチャット確認
10:30 - 11:00	（チームのタスクにおける）設計方針の会議
11:00 - 12:00	（上司や他チームリーダーとの）マネジメント共有会議
12:00 - 13:00	昼休み
13:00 - 14:00	顧客からの要求ヒアリング
14:00 - 14:30	Aさんと1on1ミーティング
14:30 - 15:00	Bさんと目標面談
15:00 - 16:00	採用面接
16:00 - 17:00	プロジェクトスケジュールの打ち合わせ
17:00 - 18:00	技術選定に伴う調査
18:00 - 19:00	プログラミング

例示した一日の予定は、パターン化されているものではなく日々変わるものです。リーダーの一日は、優先するべき事項を中心に、日々の予定が組まれます。そこへ、他者からの予定も組み合わさり、自らの予定がランダムなものへと変転するでしょう。

リーダーになると、周囲から期待されることが変わったと感じるかもしれません。今までは、個人としての成果を期待されていましたが、これからはチームとしての成果を求められるでしょう。求められる成果は、「プロジェクトの成功」のようにわかりやすいものから、「人材育成」や「チーム作り」という目に見えにくいものまでさまざまです。

プログラミングは「自分が動く」ことでソースコードなどを直接的にアウトプットできます。しかし、マネジメントは「人を動かす」ことで間接的にアウトプットをしなければなりません。「人を動かす」手段として、主に対話やドキュメントを用います。そのため、会議に費やす時間やドキュメント作成の量が多くなるでしょう。

一方で、チームからの期待があることも忘れてはなりません。リーダーは、チームからの期待を背負います。時には、上司とチームの期待がコンフリクトして、板挟みになることもあるでしょう。たとえば、上司はソフトウェアの納期を重視しているが、チームはソフトウェアの品質を重視しているかもしれません。これらの期待に対してバランスを取らなければ、組織の成果はあがりませんし、チームのマネジメントもできません。このようなミドルマネジメント、いわゆる中間管理職としての立ち位置も大きな変化になるでしょう。

マネージャーになると、一日の過ごし方も成果を出す領域も異なります。マネージャーに求められる成果とその領域は、[1-3. エンジニアリングマネージャーとは何か]で確認します。

リーダーとマネージャーの違い

新任マネージャーは、リーダーを任せられることからはじまると説明しましたが、実はリーダーとマネージャーの役割は完全に一致するものではありません。多くの場合、チームリーダーなどに任命された後は、リーダーとしての振る舞いと別に、チームをマネジメントする役割が求められるでしょう。

リーダーは、マネージャーの役割を一部担っている場合もあれば、まったく別の役割になることもあります。組織によっては、両者の区別がないこともあるでしょう。リーダーとマネージャーは混同しやすいため、その違いを整理しましょう。

リーダーという言葉を大辞林で引くと、「指導者。統率者。」という定義が確認できます。これを組織に当てはめて考えると、リーダーとは**組織を**

指揮して導く者といえます。大きな目標を目指すためには、リーダーによる統率は必要不可欠です。リーダーは、目標を達成するための道を示し、リーダーシップを発揮することで、組織を牽引して導きます。

対してマネージャーは、**組織をマネジメントする者**といえます。マネジメントは、組織を取り巻くすべてに関わることで、組織の成果をあげるでしょう。たとえば、チーム作りや育成、チームが働くオフィス環境など、あらゆるものがマネジメントの対象になります。

リーダーとマネージャーに共通するものも多くあります。たとえば、リーダーシップはリーダーにとって重要な要素となりますが、マネージャーにとっても重要です。チームの目標を決めて牽引する場合など、リーダーシップを求められることは数多くあるでしょう。

自らが直接的に動くのではなく、人やチームが自発的に動くように働きかけることもあるでしょう。そのためには、時にリーダーシップを使い、時にフォロワーシップを使うように、さまざまな要素が必要になります。リーダーのように、チームを指揮して導いていくことも、マネージャーの「マネジメントスタイルの1つ」です。

図1.2.2 **リーダーとマネージャーの共通要素**

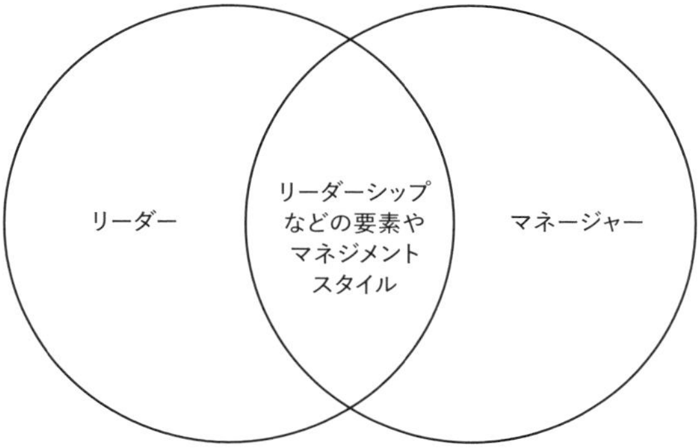

ドラッカーはマネージャーの役割について、「オーケストラの指揮者に似ている」と述べました(Drucker, 2001, p.128)。

オーケストラの指揮者は、各パートの演奏をまとめます。指揮者が台上でタクトを振るうと、オーケストラは一糸乱れず演奏を開始するでしょう。一見すると、指揮者がオーケストラをコントロールしているように見えますが、細かい指示や命令はしていません。団員の一人ひとりが、自身の役割を理解して調和するように演奏しています。オーケストラのようなプロフェッショナルの集団に対して、細かな指示命令は不要です。

指揮者は演奏以外にも、①演奏曲目の決定、②演奏の指導、③ゲスト奏者の選定、④楽団員の選定や補充、⑤対外交渉という業務を行っています(Mintzberg, 2007, pp.92-96)。演奏は指揮者の業務内容の一部でしかなく、オーケストラという組織の成果のためにあらゆる活動をしています。まさに、組織をマネジメントする者にほかなりません。オーケストラの指揮者はリーダーであり、マネージャーでもあるのです。

組織の成果に責任を持つ者

マネージャーとは、「組織の成果に責任を持つ者」とドラッカーは定義しました(Drucker, 2001, p.124)。これをもとにして、エンジニアリングマネージャーは、**「エンジニアリング組織の成果に責任を持つ者」**と定義しましょう。エンジニアリング組織の成果をあげるために、さまざまな権限*4と責務を有する職務になります。

ここで「エンジニアリングとは何か」についても少し触れておきましょう。1つの定義によると、エンジニアリングとは**「不確実なものを効率よく削減していく」**といいます(広木, 2018, p.14)。これは、単にプロダクトを作るのではないことを意味します。ソースコードという確実なものをアウトプットする過程で、チームやステークホルダー、さらにはマーケットやサプライチェーン全体に関わりながら不確実を削減します。

エンジニアリング組織をマネジメントすることは、単に「エンジニア」をマネジメントするのではなく、不確実なものを効率よく削減していく「エンジニアリング」をマネジメントすることにほかなりません。エンジニアリングの過程において、エンジニア以外の職種やチームとも連携して、エ

＊4　権限とは、職務上行使できる行為の範囲を定義したものであり、組織（主に上司）から委譲されます。

ンジニアリングの成果を高める必要があります。

責任の種類

「組織の成果に責任を持つ」というのは、どのような行動をするのでしょうか。「責任を持つ」ことは、自らが引き受けて行わなければならない義務を全うすること、いわゆる責務を果たすことになります[*5]。

責任には、2つの種類があります。1つは**説明責任**（*Accountability*）、もう1つは**実行責任**（*Responsibility*）です。マネージャーは、どちらかの責任に応じた行動を取ります。

説明責任とは、成果・結果に対する責任です。または、成果・結果を説明する責任ともいえます。決定に至るまでの詳細説明はもちろんのこと、結果に対してどのような対処をするのか説明を求められます。

実行責任とは、実行に対する責任です。実行責任を持つと、実行するためにあらゆる手段を尽くします。自らが実行指揮をとるなどして、実行者として課題解決をするのです。

マネージャーになると、実行責任よりも説明責任を求められることが多くなります。たとえば、何かの仕事をチームメンバーに頼んだとしましょう。この場合、仕事の進め方はチームメンバーが実行責任を持ちますが、仕事の結果はマネージャーが説明責任を持つことになります。

説明責任を持つと、「なぜこの結果になったのか」を説明する義務があります。説明するというと簡単に聞こえますが、その結果に至る経緯や背景を理解していなければなりません。実行権限を委譲したからといって放置していると、説明することなどできないでしょう。

＊5　似た言葉で「責任を取る」があります。経営者が業績不振のために「責任を取って職を辞する」という光景を見たことがあるでしょう。責任を取ることは、結果に応じた行動を取ることであり、「責任を持つ」とは違う意味になります。

1-3.
エンジニアリングマネージャーとは何か

　ここまでに、エンジニアリングマネージャーとは「エンジニアリング組織の成果に責任を持つ者」であり、**エンジニアリング組織のマネジメントをする職務**であると説明しました。「マネジメントする」という言葉のとおり、エンジニアリングマネージャーの業務は多岐にわたります。たとえば、ソフトウェアの設計や開発、チーム作りや人材育成から人材採用に至るまで、さまざまな活動を目にします。

　多岐にわたる理由は、組織ごとに必要とするマネジメントの領域が異なるためです。マネジメントの領域が異なれば、業務内容も異なります。ある組織ではラインマネージャー、また別の組織ではプロジェクトマネージャーというように、組織ごとにさまざまです。したがって、「これがエンジニアリングマネージャーの業務である」と定義するのは困難です。特定の組織における職務という狭義の定義と、それらを汎化した広義の定義は異なるものになるでしょう。

マネジメントドメイン

　マネジメントの領域について、**マネジメントドメイン**と呼称しましょう。マネージャーは通常、複数のマネジメントドメインにおいてマネジメントを行っています。

　マネジメントドメインには、隣接するマネジメントドメインがあります。隣接するマネジメントドメインは、さらに別のマネジメントドメインに広がるのです。このように、マネジメントドメインは相互に関連するものが多くあります。そのため、1つのマネジメントドメインで活動することは、関連するマネジメントドメインでも活動することになるでしょう。

図1.3.1　マネジメントドメインと隣接するマネジメントドメインの例

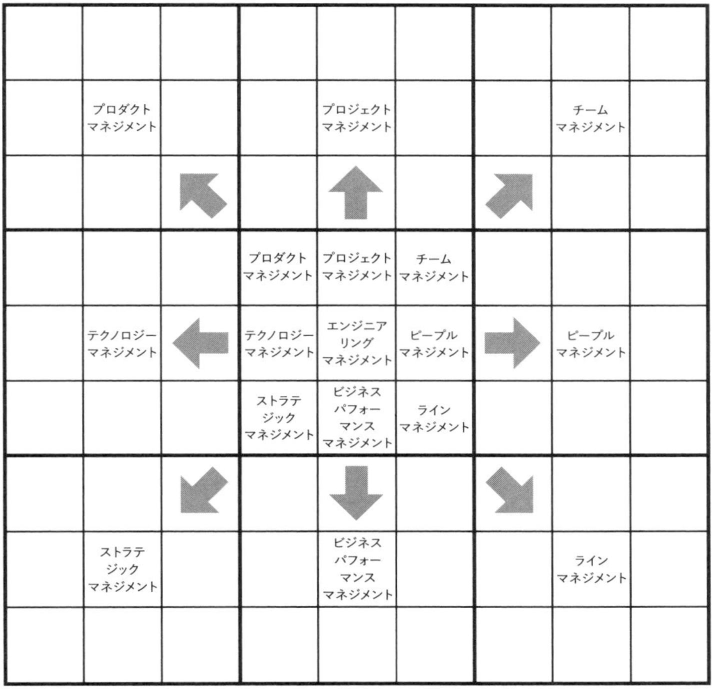

マネジメントドメインは、1つひとつが専門領域です。そのため、マネジメントドメインを広げるためには多大な努力を要します。それでも、マネージャーはいくつものマネジメントドメインを学ばなければなりません。

なぜなら、組織の状況によって、フォーカスすべきマネジメントドメインが変わっていくからです。たとえば、プロダクト品質が低ければ品質マネジメントをして、スコープ定義ができていなければスコープマネジメントをします。このように、弱みをフォローアップしたり、あるいは強みをさらに強くしたり、適切に使い分けなければなりません。

「いくつものマネジメントドメインを学ぶには、時間がいくらあっても足りない」という声が聞こえてきそうです。まったくもってそのとおりで、すべてを学び極めているマネージャーは存在しないでしょう。最初は、1

つのマネジメントドメインを学ぶだけで構いません。次は、2つ目のマネジメントドメインへと少しずつ学びを広げればよいのです。さまざまなマネジメントドメインを旅することで、マネージャーとしてレベルアップをしていくことになるでしょう。

エンジニアリングマネージャーの業務

エンジニアリングマネージャーの業務が組織ごとに異なるとはいえ、共通点はないのでしょうか。この疑問に対する答えとして、「エンジニアリングマネージャーがどのような責務を任せられているのか」の調査[*6]を参考にしましょう。調査によると、次に挙げる4つのマネジメントドメインで活動することが多いとわかりました。

- **ピープルマネジメント** — 人材の獲得、人材の最適化、人材の維持という一連のプロセスをマネジメントする。社員がどのように仕事をし、どのように行動し、どのように成長していくかを支援する。たとえば、採用・組織開発・ウェルネス・モチベーション・エンゲージメント・コミュニケーション・教育などの管理が挙げられる。ピープルマネジメントの側面は、組織の文化を作り従業員体験につながる。
- **プロジェクトマネジメント** —『PMBOK® ガイド 第7版』[*7]によればプロジェクトマネジメントとは「プロジェクトの要求事項を満たすため、知識、スキル、ツールと技法をプロジェクト活動へ適用すること」と定義される。スコープ・スケジュール・コスト・品質・リソース・コミュニケーション・リスク・調達・ステークホルダーを統合管理する。
- **プロダクトマネジメント** — プロダクトに関わる開発から、マーケティングやカスタマーサポートなどプロダクトのライフサイクルに渡るすべてをマネジメントする。リサーチ・分析・デザイン・予算・プロダクト戦略やビジョンなどの管理を行う。

---

*6　出典：広木大地．(2019)．エンジニアリングマネージャ/プロダクトマネージャのための知識体系と読書ガイド．https://qiita.com/hirokidaichi/items/95678bb1cef32629c317

*7　PMBOK®とは、プロジェクトマネジメント知識体系のことで、Project Management Body of Knowledgeの略です。

- **テクノロジーマネジメント** — 組織が技術を使用すること、いわゆる技術の計画・設計・最適化・運用・制御をマネジメントする。技術的意思決定、技術選定、技術戦略、テクノロジーロードマッピングなどを行う。

図1.3.2　**エンジニアリングマネージャーのマネジメントドメイン**

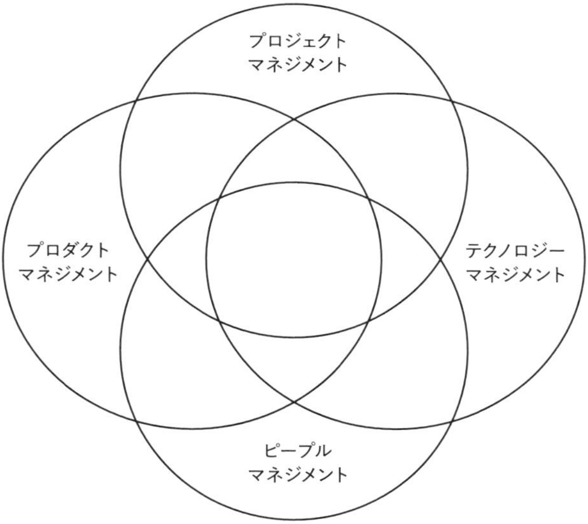

4つのマネジメントドメインが、エンジニアリングマネージャーの業務における共通点になるでしょう。マネジメントドメインには、互いに重なる部分があります。マネジメントドメインの中から、組織が必要としている責務を抽出して職務を定義します。

マネージャーのキャリア

エンジニアリングマネージャーは、職務や役職によってさまざまな呼称になります。たとえば、リーダー、マネージャー、VP of Engnieering、CTO、あるいは係長、課長、部長などがあるでしょう。私たちは、これらのうちいくつか、あるいはすべてをまとめてエンジニアリングマネージャーと呼んでいます。

エンジニアリングマネージャーの呼び方は違えど、エンジニアリング組織のマネジメントをすることには変わりありません。しかし、上位組織のマネジメントは、その対象がより多くなり範囲はより広くなるという違いがあります。これを段階として表現すると、エンジニアリングマネージャーのキャリアパスになるでしょう。たとえば、リーダーからマネージャー、マネージャーのマネージャー、経営幹部に至るまでのステップを挙げると次のようになります。

- **リーダー** — テックリードやリードエンジニアとしてチームの牽引、あるいはプロジェクトマネジメントなどをする。技術のキャリアパスかマネジメントのキャリアパスかの分かれ道になる。
- **チームのマネジメント** — チームの成果に責任を持ち、チーム作りと運営を行う。チームメンバー個人もマネジメントの対象であり、目標設定や評価、フィードバック、キャリア開発などを行う。
- **複数チームのマネジメント** — 複数のチームに対する意思決定を行う。有望なマネージャー候補の育成や、より長期的な視点で仕事を行う。
- **複数のマネージャーのマネジメント** — 直属の部下であるマネージャーに責任を課して、そのマネージャーのチームが成果をあげるよう間接的に支援する。経営幹部と対話をし、示し出されるロードマップを実現していく。
- **経営幹部** — 技術戦略やビジョンを描いて、組織を動かす。取締役CTOやCIOなどの肩書があり、企業や事業によって形はさまざまとなる。

誰しもが、初めはマネージャーではありません。最初のステップを踏み出さないことには、マネジメントのキャリアは始まらないでしょう。メンターなどで人のマネジメントを体験したり、チーム内でファシリテーターをしたり、マネジメントの業務は至るところにあります。その業務において成果を積み重ねることで、やがてリーダーやチームのマネジメントを任されるようになります。

当然ながらすべてのマネージャーが、経営幹部になることはないでしょう。ピーターの法則がいうように、どこかで限界は来るかもしれません。

しかし、自身のキャリアパスを具体的に描いて、目標にすることは決して無駄にはなりません。キャリアパスを実現するための努力をして、経験から学ぶことは、何にも変えることのできない価値になるでしょう。

1-4. 本書の読み方

ここまでに、マネージャーとは何か、エンジニアリングマネージャーとは何かを学んできました。これから学ぶマネジメントの世界が少し見えてきたでしょうか。ここであらためて、本書の読み方をガイダンスさせてください。マネジメントの世界が見えてきたところで、本書の全体像も見通しがよくなるでしょう。

各章の簡単なまとめは以下のとおりです。

第1章「こんにちは、マネージャー」では、マネジメントの歴史、リーダーとマネージャー、そしてエンジニアリングマネージャーとは何かを学びました。

第2章「対話の基礎を学ぶ」では、対話における基礎となる技術や知識を学びます。マネージャーは、対話の機会が増えるため、対話の基礎はさまざまなシーンに活かされるでしょう。コミュニケーション技術として、ティーチング・コーチング・フィードバック・メンタリング・ファシリテーションを学び、1on1ミーティングや会議などでこれらを応用します。

第3章「チームをエンジニアリングする」では、チーム作りにおけるリーダーシップの使い分けと良いチームの作り方を学びます。チームのマネージャーは、誰しも良いチームを作りたいと考えていることでしょう。そのようなマネージャーのために、良いチーム作りの方法をまとめています。

第4章「組織のマネジメント」では、組織の構造を詳解します。どのように組織が構成されているかを理解することで、組織におけるマネージャーの役割が見えてくるでしょう。また、組織はいくつものチームから成っているため、ほかのチームとの関わりについても考察します。複数チームのマネジメントをしている人は、これらの知識が役に立つでしょう。

第5章「戦略実現のためのマネジメント」では、戦略の作り方から実現方法までをまとめています。戦略の実現は、目標から組織デザインまで多岐にわたるでしょう。戦略の策定から実行までする――複数のマネージャーのマネジメントをする人へ、網羅的な知識を提供します。

第6章「人材の成功にコミットする」では、人材採用と人材評価を学びます。人材の採用は育成のはじまりです。人材の成功のために、育成・支援するのもマネージャーの仕事です。

第7章「技術とわたしのマネジメント」では、技術のマネジメントと自らをマネジメントするための方法をまとめています。

以上、7章から本書は構成されています。どの章から読んでも理解できるように構成しているので、一章ずつ読んでも構いませんし、興味関心がある章から読み進めても構いません。読者の学びたいマネジメントドメインやキャリアなどに合わせて、本書を活用してください。

第2章
対話の基礎を学ぶ

マネージャーの業務は、人と関わる機会が非常に多くあります。たとえば、新人教育、個人面談、チームのミーティング、他部署との折衝などさまざまです。したがって、人と関わるための知識やスキルを有していると役に立つでしょう。

本章では、コミュニケーションと対話、そして、会議についての学びを深めます。なお、本章ではコミュニケーションする相手を「クライアント」と呼称します*8。

第2章で学ぶこと

- コミュニケーションスキルの基礎
- ティーチング・コーチング・メンタリング技法
- 1on1ミーティングの方法
- 会議の進行方法
- ファシリテーション技法

2-1. コミュニケーションを支える技術

大辞林によると、コミュニケーションとは「人間が互いに意思・感情・思考を伝達し合うことであり、言語・文字その他視覚・聴覚に訴える身振り・表情・声などの手段によって行うもの」と定義しています。言語による情報伝達ではなく、**非言語も用いて意志・感情・思考を伝達する**ことで成り立つのです。

言語を用いて行うコミュニケーションを**バーバル・コミュニケーション**、非言語のコミュニケーションを**ノンバーバル・コミュニケーション**といいます。

＊8　顧客・依頼人・得意先という意味もありますが、カウンセリングやコーチングにおいて、その相手を一般的に「クライアント」と呼ぶことに倣っています。

バーバル・コミュニケーションは、会話によるコミュニケーションのほか、メールなどの文章を用いたコミュニケーションなどがあります。たとえば、会議における議論や業務に対する指示・アドバイス、あるいは感謝の気持ちを「ありがとう」という言語にして直接伝達することもバーバル・コミュニケーションです。

ノンバーバル・コミュニケーションは、言語以外（声色・視線・表情・姿勢・しぐさなど）を用いるコミュニケーションです。目線を合わせる、口角を上げる、話すスピードを変えるなどがあります。

ノンバーバル・コミュニケーションの内容によって、クライアントからの印象は異なります。非言語情報は、言語情報と同じかそれ以上に重要です。たとえば、感謝を伝えながら怒った顔をするなど、言語情報と矛盾する非言語情報を発信した場合は、非言語情報が優先されます（Mehrabian, 1971, pp.42-47）。したがって、言語情報と非言語情報の両方を適切に用いてコミュニケーションをとる必要があります。

コミュニケーションスキルを用いる際も、バーバル・コミュニケーションだけではなく、声のトーンや表情を意識するなどノンバーバル・コミュニケーションを用いることで、初めて効果を発揮するでしょう。

一方で、自らのノンバーバル・コミュニケーションがどのようになっているかは自分からは見えません。自分は意識をしていても、クライアントから見るとノンバーバル・コミュニケーションができていないこともあるでしょう。ノンバーバル・コミュニケーションを練習するには、自分が話しているシーンを録画して見直すことや、クライアントからフィードバックをもらうことが効果的です。

ティーチング

ティーチング（teaching）とは、「教える」を意味するteachの動名詞です。語義のとおり、教える・指示する・命令することで、相手の行動を引き出します。ティーチングのゴールは、クライアントができなかったことをできるようにすることで、**教えることを必要としなくなる**ことです。ティーチングと聞くと、ティーチャー（教師）がイメージしやすいため、本項でも教える人を「ティーチャー」と呼称します。

マネージャーにとってティーチングは、研修講師や新人教育など何かを「教える」シーンで活用します。エンジニアリングでは、技術の指導においても役に立つでしょう。

「教える」の基礎

「教える」について、教育学では古くからさまざまな考えが論じられてきました。今日の教育における礎となる理論として、**教授段階**があります。教授段階とは、教授課程を段階的に区切り、一定の順序に定型化したものです。教育学者ヴィルヘルム・ラインの5段階教授法によると、教授の過程は①予備、②提示、③比較、④総括、⑤応用の段階を踏むとされています。このような段階教授法によって、教育は画一化されて、今日における授業の礎となりました。

一方で、定型化された授業は、新しい問題を生んでしまいました。すべての教育を段階教授法に沿わせることが優先されてしまい、クライアントがどこまで認知しているか、どこまで学んでいるかという観点が欠落してしまったのです。

単に教えたいことを教えるのは、ティーチングといえません。ティーチングの主役はクライアントであり、クライアントのレベルや理解度に合わせて、教える内容や方法を変えなければなりません。クライアントに何をどのように教えて、どう理解してもらうかが重要です。

ティーチングは、ティーチャーがクライアントに教えるという一方通行ではなく、**クライアントとのコミュニケーション**です。向後（2020, pp.42-43）は教え方が上手な人のコミュニケーションの特徴に、観察・情報提供・フィードバックの3つをあげました。筆者はこれをベースに、教え方には4つの段階があると考えています。

1. **クライアントを観察する**―　教える内容について、クライアントがどれくらい知っているか、重要視しているかを、観察やヒアリングをとおして把握する。
2. **クライアントに適した知識を提供する**―教材の難易度が高すぎると挫折し、低すぎると退屈してしまう。そのため、クライアントが持っている知識よりも少し詳しい知識を提供する。
3. **クライアントに実践の機会を与える**―クライアントが知識を使って、活かせるように練習をしてもらう。

4. **結果をフィードバックする** — うまくできたらもう少し難しいことを、うまくできなかったら原因を分析して伝える。

教える方法の基礎として、心理学者スキナーが提唱した**プログラム学習の5原理**があります。原理を押さえることで、クライアントの学習や練習において、知識やスキルを効果的にティーチングできるようになります。

- **積極的反応の原理** — クライアントが受け身で説明を聞いて頭で理解するのではなく、問題に答えさせるなどして積極的に反応させる。
- **即時確認の原理** — クライアントが回答したら正誤をすぐに知らせて、クライアントが自分の答えを確認できるようにする。
- **スモール・ステップの原理** — 学習内容を分解して、易しい内容から少しずつ難しい内容を学習するように構成する。
- **自己ペースの原理** — 学習速度の個人差を尊重して、クライアントそれぞれのペースで学習を進める。
- **学習者検証の原理** — 学習内容の良し悪しは、実際にクライアントの学習が進んだかどうかで判断する。

プログラム学習の5原理は、刺激に対して反応をすることで学習が進むという理論が根底にあります。そのため、技術や手法などハードスキルの教育には適していますが、倫理観や思考性などソフトスキルの教育には適していないという意見もあります。

ティーチングでは、刺激に対して反応させるだけではなく、クライアントの知的好奇心も刺激して、内発的動機づけ[*9]をするのがよいでしょう。それにより、主体的な学習を促せるようになります。

「教える」の設計

何をどのように教えるかは、ティーチャーの大事な仕事です。そのため、ティーチャーは、教えることを設計しなければなりません。

＊9　賞罰に依存しない、好奇心や関心によってもたらされる動機づけのことです。

教育を支援する活動全般の設計を、**インストラクショナル・デザイン**といいます。インストラクショナル・デザインでは、教育や研修の効果・効率・魅力を高めるための手法や、モデルが定義されているのです。

インストラクショナル・デザインのモデルに、教育プロセスの1つとして**ADDIEモデル**があります。ADDIEモデルを利用することで、教育を効果的・効率的にできるとともに、ティーチャーとしての学びを次に活かして、より良い教育を設計できるようになるでしょう。

図2.1.1　**ADDIEモデル**

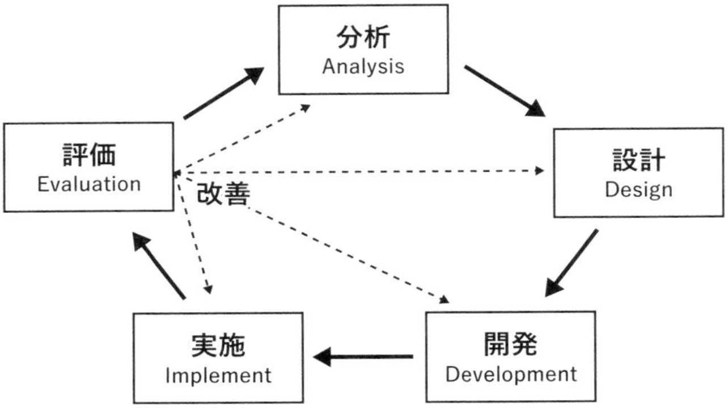

ADDIEモデルは、分析、設計、開発、実施、評価、そして分析というサイクルを回します。

最初に、「分析」でクライアントの特性や前提知識、教育のニーズを分析して目的・目標の設定をします。次に、「設計」で教える内容や方法、ワークや課題、構成やタイムラインを設計しましょう。「開発」では、学習に使用するスライドやドキュメントなどの教材を用意します。そして、「実施」で教育を行うとともに、クライアントの理解度に合わせて柔軟に教育内容を調整するのです。最後に、「評価」で自己評価やクライアントからの評価などをもとに、各段階を検証して改善します。

さらに詳細な設計をするには、ガニェの9教授事象が参考になるでしょう。ガニェの9教授事象では、ティーチャーがクライアントにできる働きかけとして、9つの観点を挙げています。

1. **学習者の注意を喚起する** ― 学習内容に、好奇心や興味を持ってもらえるように働きかける。
2. **授業の目標を知らせる** ― これから行われる学習へ期待感を持ってもらい、集中力や意欲を高める。
3. **前提条件を思い出させる** ― クライアントに既知の事項を思い出させて、これから学ぶ内容と結びつける。
4. **新しい事項を提示する** ― 新しく学ぶ内容を具体的に提示する。既知の事項との関連性や類似性を意識させることで、理解しやすくする。
5. **学習の指南を与える** ― 新しい事項を学びやすくするため、アドバイスや説明をする。
6. **練習の機会を作る** ― 練習問題を行うことや、体を動かして練習することで、学んだことをアウトプットして定着させる。
7. **フィードバックを与える** ― 練習問題などに対して、どうだったかのフィードバックを与える。
8. **学習の成果を評価する** ― 学習目標を達成したかどうかをテストなどで測定し評価する。
9. **保持と転移を高める** ― 学んだことを定着・応用できるように、ふりかえりや宿題などを課す。

このような原理や手法を用いることで、マンツーマンの教育から、大規模な講習までも設計できるようになるでしょう。しかし、これらの手法はあくまでも基本でしかありません。ティーチングは「クライアントとのコミュニケーション」と冒頭に説明したとおり、クライアントに適した形へ進化しなければなりません。

学びを引き出す

「**人に物を教えることはできない。自ら気づく手助けができるだけだ**」と、ガリレオ・ガリレイは言いました。ティーチングにおいても人に気づきを与えることで、学びを引き出すことが大事です。それには、教えるのではなく、問いかけることが有効になるでしょう。

クライアントから情報を引き出すためには質問を、自らの答えを考えさせるには**発問**を用います。

質問は、クライアントの中に引き出すべき情報があるという前提で問いかけます。

発問は、クライアントの興味や関心をかき立て、学習意欲を呼び起こすような問いかけです。教えるのではなく、問いかけることで学びを引き出します。それとともに、応答関係を作り出すことでコミュニケーションを活発にするでしょう。

発問の要件は、①何を問うているのかがはっきりしていること、②簡潔に問うこと、③平易な言葉で問うこと、④主要な発問は準備段階[*10]で「決定稿」にしておくこと、と定義されています（文部科学省）。さらに、発問は試行錯誤と研究によって考え抜いた末に作り出され、計画的に考案されなければならないといいます。

ところが、質問と発問の境目は、はっきりとはしていません。質問と発問の両方に属する問いかけもあるでしょう。次の例は、同じ題材に対するの問いかけの比較です。質問と発問による問いかけの違いがわかります。

表2.1.1　**質問と発問（質問はa/b/c、発問はc/d。）**

	問いかけ	応答	考察
a	桃太郎は鬼ヶ島に鬼退治に行ったのですか？	はい。	考える余地がない。
b	桃太郎はどこに行ったのですか？ 鬼ヶ島に何をしに行ったのですか？	鬼ヶ島へ。 鬼退治に。	一問一答で終わる。 本文を見ればわかる。
c	桃太郎は何をしましたか？ 桃太郎はどのように鬼退治をしましたか？	鬼ヶ島の鬼を退治した。 犬と猿と雉と力を合わせて。	桃太郎の行動を、自分の言葉でまとめている。
d	どんなお話ですか？	桃太郎が、犬と猿と雉と力を合わせて鬼ヶ島の鬼を退治した話。	「力を合わせて」という内容価値とともに粗筋も述べている。

出典：文部科学省のCLARINET、『4　発問：文部科学省 https://www.mext.go.jp/a_menu/shotou/clarinet/002/003/002/004.htm』を参考に筆者が編集

クライアントから質問を受けた際も、すぐに正答を返してはいけません。正答を返した時点で、クライアントは考えることを放棄してしまいます。

＊10　準備段階とは、授業や研修などにおける教材などの準備をすることです。

それを続けると、クライアントはティーチャーが考え得ることしか実現できなくなってしまいます。

クライアントから質問を受けたときは、まずはクライアントの考えを述べてもらい、そのうえで問いかけることが成長につながるでしょう。なお、クライアントからの質問でも、クライアントに考えてもらう必要がないもの（社内ルールの確認など）は、この限りではありません。

エンジニアリングにおけるティーチングでも、クライアントの考える力を鍛えることが重要です。発問のように、学びを引き出す教育方法が活用できるでしょう。

コーチング

コーチング（coaching）は、馬車を意味するcoachが語源となります。馬車が人を目的地まで送り届けること、**その人が望むところまで送り届ける**ことが、コーチングの意味する行為です。

コーチングする人をコーチと呼びます。コーチは、クライアントが目的地へ到達することを支援します。誰もがコーチを必要としています。エグゼクティブ層やプロスポーツ選手にもコーチがいるでしょう。エンジニアのコーチは、エンジニアリングスキルの向上だけではなく、エンジニアのキャリアや目標達成を支援します。

組織では、マネージャーがコーチを担うシーンは多くあります。コーチと聞くと、優れたプレイヤーとして実績が必要と考えるかもしれませんが、必ずしもそうではありません。コーチに求められることは、**適切な問いかけを与えること**です。適切な問いかけによって、クライアントは自分自身を客観視でき、**自ら気づく**ようになります。自分自身で気づくことは、①知識と行動のギャップを知る、②新しい選択肢を見つける、③無意識を明らかにするという効果があります。

コーチングに慣れていないと、コーチ自身の意見や答えを言ってしまうことがあります。しかし、コーチングでこれはタブーです。コーチの考えや意見を伝えてしまうと、クライアントの思考を中断してしまいます。それにより、クライアントが自ら考えてたどり着こうとしていた答えを、見失ってしまいます。コーチは、自分の考えを話したくなっても、グッと堪えてください。クライアントの課題に対して、コーチの答えを探すのではなく、クライアントの答えを引き出しましょう。そして、クライアントが行動に移すように努めることで、クライアントが望むところまで送り届けます。

コーチングモデル

コーチングは、具体的にどのようなことを行うのでしょうか。1つの手法として、**GROWモデル**を紹介します。GROWモデルとは、コーチングモデルの1つです。Goal、Reality、Option、Willという4ステップの頭文字を取って、GROWモデルと呼ばれます。

- **Goal** — 目標、抱負や願望の明確化。
- **Reality** — 内部および外部の障壁や資源の現状認識。
- **Option** — 可能性、選択肢の発見。
- **Will** — 具体的なアクションを決める。

GROWモデルのステップを、具体例を挙げて説明します。たとえば、「CTOになりたい」と考えているクラインとがいたとしましょう。

Goal

GROWモデルは、Goalを明確化することからスタートします。コーチングは、「クライアントが望むところまで送り届ける」と前述しました。ところが、コーチとクライアントの間でGoal認識が異なっていると、クライアントが望まない場所に到着してしまいます。したがって、Goalを明確にするまでは、次のステップに進むことはできません。それほどまでに、重要なステップです。

しかし、最初からGoalを明確に語れるクライアントは少数で、Goalがないというクライアントも多くいます。コーチングの中、クライアントも気づいていない、本当のGoalが見つかることもあるでしょう。

Goalを明確にするには、最初に願望や野望などの抽象的な言葉を引き出します。そして、問いかけを重ねることで、クライアントの奥底に眠っているGoalを明らかにしていきます。

より具体的なイメージをするために、「CTOになりたい」というクライアントに話を戻しましょう。このクライアントのGoalは抽象的なので、次のような問いかけをしてみます。

- 「CTOというのは、何をする人ですか？」
- 「なぜ、CTOになりたいのですか？」
- 「CTOになりたいと思ったきっかけは何ですか？」

クライアントが「何かになりたい／やりたい」と言ったときは、その言葉を具体的にするための問いかけをします。この問いかけには、次に挙げる2つの狙いがあります。

第一に、明文化です。人間は考えを言葉へ変換する際に、初めて頭を整理します。問いかけに対して答えるとき、初めて何・なぜを考えるのです。第二に、共通認識です。CTOのような普通名詞は、人によって認識が異なります。試しに、CTOが「何をする人なのか」をイメージしてください。技術的に何かをしているのか、組織的に何かをしているのか、人それぞれイメージが異なっているでしょう。そのため、お互いの共通認識ができるまでしっかりと掘り下げなければなりません。

コーチとして注意するべきは、コーチの解釈で理解しようとせずに、クライアントに言葉や文字などで表現してもらうことです。**人と人の解釈は異なっている**という前提で向き合い、クライアントから主観的な言葉が出てきた際は、意識的に問いかけを重ねていきましょう。このような過程で、「やっぱりCTOになりたくない」と言われて、当初のゴールが撤回されることもありますが、それは新しい気づきであり、Goalの明文化が進んでいることを表しています。決してスタートに戻ったわけではないので、じっくりと向き合ってください。

Reality

Realityは、クライアントの状況を客観的かつ具体的にすることで現状を認識させます。Goalに対してクライアントが「どのような状況なのか」、「何が課題なのか」を明らかにしましょう。次のような問いかけをすることで、クライアントは「自分自身」の認識を始めます。

- 「CTOになるためには何が必要ですか？」
- 「今あなたに足りていないものは何ですか？」
- 「なぜ、それが足りていないと思うのですか？」

クライアントの「自分自身」の認識におけるコーチの役割は、客観的視点を提供することにあります。人は思い込みが強い生き物であり、自らを客観的に見ることが難しいものです。時には事実と異なることを、事実だと誤認してしまうことすらあります。そのため、クライアントの主観と、コーチの客観によるタッグが効果的です。クライアントは、主観を言語化してコーチに伝えます。コーチは、客観的に見たクライアントをフィードバックすることで、クライアントの新しい一面がわかるようになるでしょう。

「自分自身」の認識といっても、自分が認識する自分と、他人から見た自分が異なっていることはよくあります。このような、「自分自身」のさまざまな側面の分析には、ジョハリの窓が役立つでしょう。ジョハリの窓は、「自分がわかっている自分／わからない自分」、「他人がわかっている自分／わからない自分」という軸で4象限を作ります。**ジョハリの窓**をクライアントに当てはめることで、新しい側面の発見につながるのです。

図2.1.2　**ジョハリの窓**

- **秘密の窓** — クライアントの自己開示により、開放の窓へと変化していく。自己開示のためにはコーチ自らも自己開示をして、信頼関係を構築しておかなければならない。
- **盲点の窓** — コーチからのフィードバックにより、開放の窓へと変化していく。クライアントを観察して、気づいていない点を見つけ、伝えていく。
- **開放の窓** — 秘密の窓を開け、盲点の窓を開けると開放の窓は広がっていく。
- **未知の窓** — 開放の窓が広がることで、新しい発見や出会いが起き未知の窓が開かれる。

コーチはクライアントとの対話の中で、「秘密の窓」と「盲点の窓」を小さくしていき、「開放の窓」を大きくします。クライアントの「開放の窓」を広げていくことで、新しいRealityが認識されるようになるでしょう。時には、「未知の窓」が開かれることで、Goalイメージが変わってしまい、Goalの明確化に戻ることもあります。GoalからRealityは一方通行ではないため、GoalとRealityを何度も行き来しながら対話を進めていくことになるでしょう。

Realityの認識においては、クライアントが他責にならないように、注意しなければなりません。Goalが明確化されRealityの課題を認識すると、理想と現実のギャップがわかります。すると、クライアントは自責か他責のどちらかになるでしょう。ここで他責になってしまったクライアントは、「現状の課題は周りの人や環境のせいだ」という思考に陥ってしまいます。そうなってしまうと、行動するべきは自分以外の誰かだと思い込み、自らの行動を変えようとは思わなくなってしまうのです。したがって、コーチはクライアントに、他責ではなく自責を選ばせる必要があります。クライアントが自責の状態になるまで、問いかけやフィードバックを繰り返しましょう。

Option

Goalを明確化してRealityを認識できたら、Optionで選択肢を作ります。選択肢は1つでなく、できる限り多いほうがよいでしょう。コーチは多角的な問いかけをして、クライアントが普段考えないような選択肢を出すようにサポートします。

- 「なぜこのやり方が良いと思いますか？」
- 「〇〇を使ったら何ができますか？」
- 「自分が〇〇だったら何をやりますか？」
- 「ほかにどのような考えがありますか？」

会話の中においてチャンキング[*11]をうまく使うことで、多くの選択肢が出るようになります。チャンキングとは、対象を小さくしたり、まとめたりすることです。チャンキングによって、1つの選択肢の深い掘り下げや、別の選択肢の創出ができるようになり、広い視野でのディスカッションが可能になるでしょう。

チャンキングには、チャンクダウン、チャンクアップ、水平チャンクの3種類があります。チャンクダウンで選択肢を具体化していき、水平チャンクで次の選択肢を探し、チャンクアップで選択肢をまとめ上げます。

- **チャンクダウン** — 対象を小さな単位に細分化する。会話の中の要素について質問をすることで、具象度をたしかにする。
- **チャンクアップ** — 対象を大きな単位にまとめる。会話の中の要素を同じ要素とまとめることで、上位にある共通項を見つける。
- **水平チャンク** — 対象と同じ大きさの別チャンクへ移動する。話題を移すことで、新しい要素をチャンクダウン／チャンクアップする。

＊11　会議やブレストなどで選択肢を出す際にも、チャンキングは有効になります。

図2.1.3　チャンクキング

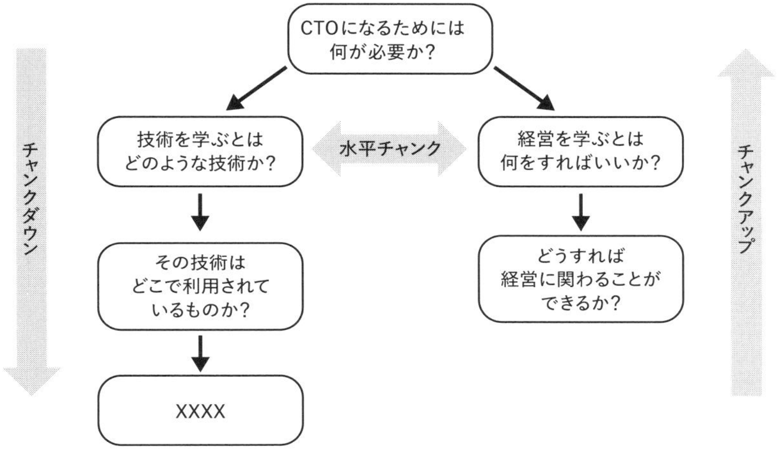

Will

Willでは、Optionで見つけた選択肢を具体的な行動計画にします。「なぜそれを行うのか」、「いつまでに行うのか」、「誰に対して行うのか」、「どこで行うのか」、「どう行うのか」などと問いかけます。その際、クライアントを問い詰めないように気をつけましょう。クライアントの行動計画を具体化したら、達成したかどうか明確にわかる測定基準を設けます。

この一連の流れにおける意思決定は、クライアント自身で決めるように促します。そうすることで、クライアントが納得する行動計画を作れて、Goalに向けた計画を能動的に進められるのです。

Willが決まったら、コーチはクライアントと定期的に会話をします。そして、行動計画を続けること、あるいは軌道修正などのサポートをします。この段階まで来るのに、長ければ半年以上かかることもあるので、焦らずにじっくり取り組みましょう。

フィードバック

フィードバックとは、行動や成果に対する評価をクライアントに伝えて、成長を促進する手法です。フィードバックは非常に難しく、うまくできたのかわからないことがあります。一歩間違えると、まったく逆の効果になってしまうこともあります。フィードバックの基本を理解して、より良いフィードバックができるようになりましょう。

ピープルマネジメントにおけるフィードバックには、ポジティブフィードバックとネガティブフィードバックがあります。ポジティブフィードバックは、クライアントの良かった点をフィードバックします。それに対して、ネガティブフィードバックは、クライアントの問題行動など悪かった点を伝えるフィードバックです。ネガティブフィードバックは、フィードバックをする側のストレスも高く、対応に頭を悩ませている方も多いのではないでしょうか。

フィードバックの構成は、**情報通知**と**立て直し**という2つの要素から成立します(中原, 2017)。クライアントの行動が、周囲にどう映っているかを知ってもらうことで、自発的な行動を促します。

情報通知では、耳の痛い情報や結果でもしっかりと通知して、教えましょう。立て直しでは、クライアントが情報を認識して自らをふりかえり、行動計画を作成するまで支援します。

情報通知は主にティーチングのスキル、立て直しはコーチングのスキルを用います。これら2つのスキルを組み合わせたものが、フィードバックのスキルです。

フィードバックの準備

フィードバックには、**信頼関係**と**ファクト**が必要です。信頼関係とファクトがないと、フィードバックは成り立ちません。

信頼関係は、一朝一夕に作ることはできません。信頼関係の詳細については、2-1＞メンタリング＞[ラポール形成から始める]の項で説明します。

ファクトは、正確な事実のことです。フィードバックは、ファクトにもとづいて正しい情報を伝えます。「人から伝え聞いたこと」、「自分が思ったこと」など、不正確な情報や主観だけをもってフィードバックしてはいけません。

フィードバックまでの時間が経てば経つほど、フィードバックの効果は弱くなってしまいます。たとえば、何かの事実を数週間後にフィードバックしても、「いまさら言われても」と思われる、あるいは対象の事象を忘れていることもあります。フィードバックは、迅速かつ正確にタイミングよく行うことが求められるでしょう。

一方で、迅速にと意識するあまり、大勢の前で無闇にフィードバックするようなことは、決してしないでください。人前でネガティブフィードバックをすることは、クライアントのプライドを深く傷つけるでしょう。

フィードバックの準備に有効な考え方として、**SBI法**があります。SBI法とは、Situation-Behavior-Impactの頭文字を取ってそう呼ばれます。

- **Situation** — どのようなシチュエーションか。
- **Behavior** — どのような行動か。
- **Impact** — どのような影響か。

これら3つを伝えることで、正しく情報通知ができます。SBI法を利用したフィードバックは、次のような表現になります。

> **今日のミーティングでAさんが話をしていたときに**(*Situation*)**、あなたはラップトップの画面を見ていましたね**(*Behavior*)**。**
> **Aさんは、あなたが話を聞いてくれないと言って怒っていたよ**(*Impact*)**。**

SBI法で伝えるときに配慮することがあります。それは、フィードバック対象であるクライアントの状況です。

「話を聞いていないように見えた」というのは、フィードバックする側の主観でしかありません。「ラップトップの画面を見ていましたね。」というBehaviorにも、何か理由があるはずでしょう。もしかすると、特別な事情があったのかもしれません。

Situation、Behaviorが一方的な視点とならないように、なぜそのような行動を取ったのか明らかにします。それには、「ラップトップの画面を見ていたのは、何か事情があったのかな？」のように質問して、行動の理由をクライアントの口から説明してもらうのがよいでしょう。説明を聞いたうえで、Impactを伝えるべきだと判断した場合は、フィードバックを進めます。

フィードバックの進め方

フィードバックの進め方は、次の3つプロセスからなります。

第一プロセスは、**事実を伝える**ことです。集めたファクトをもとに、ロジカルに事実を伝えます。まるで鏡のように、クライアントの事実を映し出します。SBIについて述べて、「なぜその行動を直さなければならないのか」を説明しましょう。一方的に伝えるのではなく、「わたしにはそう見える」というこちらからの視点と、「何かあったのかな？」「なぜそうしたのかな？」のように問いかけます。問いかけにより、クライアントの視点を確認して、ギャップを埋めていきましょう。

第二プロセスは、**行動や言動に気づかせる**ことです。クライアントからの反応を観察し、返答を一度受け止めてから対話をします。クライアントが腹落ちするまで、対話を続けます。時には、納得してもらえず、反論もあるでしょう。フィードバックする内容が正しいのであれば、引かずに対話を続けなければなりません。クライアントの発言が論理破綻するのを待ち、論理の矛盾に直面させることでクライアントが納得するのです。

第三プロセスは、**成長を支援**します。問題に対して何をするかをクライアントと一緒に考え、クライアントの立て直しを行います。立て直しのアクションは、クライアント自身に選んでもらいましょう。クライアントの壁打ち相手（相手が考えをまとめるための役割）となり、クライアントが考え出すアクションを具体化するための手助けをします。フィードバック後は、クライアントのフォローアップです。クライアントと約束した事項が履行されているかを確認して、必要に応じて対話しながら伴走します。

メッセージング方法

人に何かを伝える際のメッセージング方法は3つあります。それぞれのメッセージング方法によって、クライアントの心理は大きく異なるため、意識的に使い分けるとよいでしょう。

表2.1.2　**メッセージング方法**

メッセージング方法	主語	概要	クライアントの心理
Youメッセージ	あなた	「あなたは〇〇だ」など、評価の気持ちが込められているメッセージング。	評価されたという印象を与えてしまい、クライアントによっては「そんなことない」と否定することもある。
Iメッセージ	私	「わたしは〇〇と感じた」など、事実を伝えるメッセージング。	事実を伝えているだけなので、事実を拒否することはできない。
Weメッセージ	私たち（組織）	「＊＊さんも喜んでいたよ」など、自分以外も含めた組織からのメッセージング。	複数の事実を伝えるので、Iメッセージよりも強い。

フィードバックに推奨するメッセージング方法は、「Iメッセージ」と「Weメッセージ」です。この2つは、ファクトを伝えているだけであり、どう受け取るかはクライアントの自由になります。また、クライアントがその事実を否定することもできません。それにより、対等な関係としてファクトが伝わります。

フィードバックは1～2時間、あるいはそれ以上の時間を要することもあるでしょう。フィードバックを行う際は、時間制約をなくして、覚悟を持って行います。楽しい時間にはなりませんが、強い言葉は使わず、感情的にならないようにしてください。冷静に対話することを忘れてはなりません。

メンタリング

メンタリングとは、対話をとおして相手の行動を促し、能力開発や成長を支援することです。メンタリングする人をメンター、その相手をメンティと呼びます。

メンターという言葉は、ギリシャ神話に登場する賢者メントールを語源としています。メントールは、オデッセウス王の息子であるテレマコスの教育を任され、学問のほかに人格的成長を促しました。そして、テレマコスを次期王として相応しい人間に成長させたのです。これに由来し、良き教育者・理解者・支援者・後見人・ロールモデル、というような役割を意味する言葉としてメンターが用いられるようになりました。

メンタリングはゴールとして、メンターが不要になることを目指しています。そのために、メンティの意思で考えて、行動に移す力を養います。メンティの問題を解決するのは、ほかでもないメンティ自身でなければなりません。メンターは、自分の考えに固執せず、多様な視点・意見を取り入れる柔軟さが必要になります。時に指導者として、時に助言者としてメンティと接することになるでしょう。

メンティが自立する過程で、次に挙げるようなテーマでメンティと伴走します。その対話において、コーチングやフィードバック、ファシリテーションなど、さまざまなコミュニケーションスキルが必要になります。

- 「成長目標は何か」
- 「目標のためにいつまでにどのようなアクションをするのか」
- 「アクション結果はどうだったのか」
- 「その課題は何か」
- 「次は何をするのか」

メンターになるには、次の2つのケースがあります。

1つは、組織の制度によってメンターになるケースです。たとえば、新入社員に対して先輩がメンターとなる制度（メンター制度）があります。この場合、メンターとしての期待以外にも、企業から期待される役割（業務知識の伝承、組織文化の共有、人間関係構築など）が存在しています。

もう1つは、自然発生的にメンターになるケースです。先輩・後輩などの親しい関係が、メンタリングを意識せずとも、自然にメンターとメンティの関係になるような場合です。この場合、メンティによって選ばれてメンターになっています。

組織の制度によってメンターになった場合は、お互いを知らないため、すぐにメンタリングを行うことはできないでしょう。まずは、メンターとメンティの間に、メンタリングをするための関係を作ることから始めます。

ラポール形成から始める

メンタリングは、メンターとメンティが良好な人間関係になっていないと成り立ちません。良好な人間関係とは、単純に悩みを言い合えるという関係ではなく、安心感や信頼、好感を持っている状態です。良好な人間関係のように、お互いの心が通じ合っている状態になることを、**ラポール形成**といいます。ラポール形成がされると、言葉や行動で表さなくてもお互いの気持ちを感じ取れるようになります。

ラポール形成をせずにメンタリングを行っても、メンティは話をしてくれません。そのため、最初はラポール形成から始めます。一朝一夕でラポール形成をすることは困難ですが、メンティとの対話をとおして関わりを深めていくことで、徐々にラポール形成が進むでしょう。本書では、ラポール形成のための基本的な技法として、アクノレッジメントとアクティブリスニングを紹介します。

アクノレッジメント

アクノレッジメント（acknowledgement）は、「承認」という意味で、承認とは相手の存在や行動、成果を「認める」ことです。「認める」は「褒める」と混同しがちですが、褒めるという行為は認めるという行為の一部でしかありません。認めることは、メンティの存在を受け入れて感謝を伝え、成長や成果といった事実を伝えることになります。

アクノレッジメントには、次の3つの段階があります。

- **存在承認** — 相手の存在に感謝を伝える。「おはよう」と挨拶をする、名前を呼ぶ、「ありがとう」を言う、約束を守ることなど、当たり前と思うことでも確実に継続して行うことが存在承認になる。
- **行動承認** — ポジティブな行動を取ったときに、その行動を事実として伝える。たとえば、「いつも笑顔だね」のように、メンティの行動を言葉にして伝えることが行動承認になる。
- **結果承認** — 成果や結果、目標に対して成長や変化を伝える。「○○がうまくいったね」「○○ができるようになったね」のように成果や成長を、事実として伝えることが結果承認になる。

ラポール形成において、存在承認が一歩目になります。たとえば、笑顔で挨拶をする人や名前を呼んでくれる人に、好感を持つという心理効果があります。存在承認をすることで、メンティの警戒心が解かれていき、ラポール形成の土台が作られていくのです。さらに、行動承認を行うことで、メンティに対して関心を持っていることが伝わり、見てくれているという安心感を与えます。これらを継続的に行うことが、ラポール形成の一助になるでしょう。

結果承認において、褒めることは少し気をつけなければなりません。メンティが行動するためには、メンティ自身にやる気が必要です。しかし、褒めたり報酬や褒美を与えたりすると、やる気をなくすことがあります。内発的動機で活動している人に対して、外発的動機づけ（報酬や褒美）を行うことは、アンダーマイニング効果という心理現象により、モチベーションの低下を招いてしまうのです(Deci, 1971, pp.105-115)。では、褒めることが必ずしも悪いかというとそうではありません。内発的動機がないメンティを褒めることで、エンハンシング効果という心理現象により、やる気が引き出されて成果があがるようになります(Hurlock, 1925, pp.145-159)。このように、メンティの状態に合わせて、結果承認の方法を調整するのがよいでしょう。

結果承認は、メンティ自身で行うこともできます。それは、メンティ自身が成功体験を言語化することで可能になります。たとえば、カンファレンスでプレゼンテーションを行うなど、自身の成果をふりかえり要約して資料にまとめ、聴衆の前で発表することは結果承認にもなるのです。

アクティブリスニング

アクティブリスニングとは、臨床心理学者カール・ロジャースが提唱した**傾聴姿勢**のことです。カウンセリングの際に用いられる手法で、**積極的傾聴**と訳されています。傾聴は「真剣に聴く」という意味であり、次の3つの要素が必要になります。

1. **共感的理解** — 相手の立場に立ち、相手に共感して理解する。
2. **自己一致** — わからないことは「わからない」と伝え、常に真摯な態度で真意を確認する。
3. **無条件の肯定的配慮** — 善悪や好き嫌いで評価をせず、肯定的な関心を持って話を聞く。

これらの要素を、アクティブリスニングの3要素といいます。アクティブリスニングの3要素を満たすことで、真剣に話を聞いていることが、メンティへ伝わるようになるでしょう。

アクティブリスニングの手法として、**傾聴技法**があります。傾聴技法を用いることで、メンティがどのような問題を抱え、どのように捉えていて、どうしたいのかを理解できるようになるでしょう。メンティにとっては、「理解してもらえた」「もっと話したい」と感じるようになり、ラポール形成が促進されるようになります。

具体的には、次のような傾聴技法があります。

表2.1.3　『マイクロカウンセリング技法：事例場面から学ぶ』（2007. 福原真知子監修. 風間書房）をもとに筆者が要約

傾聴技法	概要	効果
開かれた質問	「どのように」「何を」「なぜ」などの5W1Hを問うような質問や、「もう少し詳しく聞かせてください」のような表現を用いる。	クライアントが自分の問題について話すことを促す、自己探求を助ける。
閉ざされた質問	Yes/Noで答えられる質問。	事実を明確にする。
クライアント観察技法	クライアントの表情や仕草、声のトーンなど言語以外の情報を観察する。	クライアントの感情や本心を分析する。
はげまし技法	「うん」「それで？」といった話を進めるものや、頷きなどの非言語によるものとがある。	クライアントは自分の気持ちや考えを探求して、語ることをはげまされる。
いいかえ技法	話の本質をフィードバックする。	クライアントの状況や気持ち、考えを明確にする。
要約	対話全体の要約を対話の最後に、前回の対話の内容を最初にフィードバックする。	同上
感情の反映	クライアントの言語化されない感情を観察し、フィードバックする。	クライアントが自分自身で気づいていない感情に気づかせる。

傾聴技法を単体で使用しても、効果は弱くなります。対話の中でも適切なタイミングで、連鎖的に行わなければなりません。たとえば、開かれた質問をして、クライアント観察技法を用いながら、はげまし技法を用いるという使い方です。このように、傾聴技法を自然に行うことを、**基本的傾**

聴技法の連鎖といいます（福原, 2007, p.8）。基本的傾聴技法の連鎖を使いこなすことで、クライアントの思考や感情までを含めた、具体的なストーリーが引き出せます。

傾聴技法を頭で理解しても、使えるようになるには練習が必要になるため、メンタリングの現場で少しずつ実践するとよいでしょう。一方で、慣れない傾聴技法にこだわりすぎると、アクティブリスニングの本質である「真剣に聴く」ができなくなるので注意が必要です。

メンティの思考習慣

人は誰しもが、無意識にさまざまなことを考えています。無意識によって、いつもの行動をいつもどおり行っているのです。メンタリングをすることは、メンティの無意識を自覚させて、意識的に新たな行動をするよう促すことになります。これは、メンティの思考習慣を変えていることにほかなりません。メンティの思考習慣を変えることが、メンタリングの目指す「メンターが不要になること」につながります。

思考習慣を変えるには、段階を経て徐々に**行動変容**を起こします。行動変容とは、自らの考えで行動を変えることです。メンターがメンティの行動を変えるのではなく、メンティ自身の意思が必要です。

行動変容には段階があります。**行動変容ステージモデル**[*12]によると、①無関心期、②関心期、③準備期、④実行期、⑤維持期という5つのステージを通ります。

＊12　行動変容ステージモデルは禁煙の研究から導かれたモデルですが、食事や運動など健康に関する行動についても研究・実践されています。

図2.1.4 行動変容ステージモデル

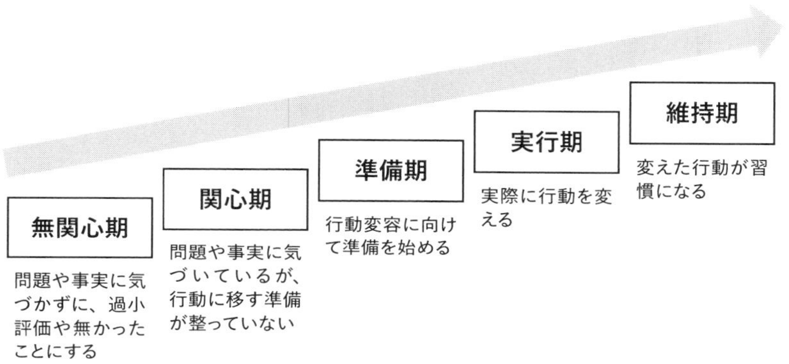

メンティの考え方はステージごとに変化するため、行動変容の課題もそれぞれ異なります。メンターは、メンティがどのステージにいるのか判断して、適切なアプローチをしなければなりません。

適切なアプローチができなければ、メンタリングの効果はありません。たとえば、勉強をしないメンティに対して「勉強をしましょう」と言って行動を促しても、まったく勉強をしない状態が続きます。これは無関心期にいるメンティに対して、実行期の行動を促したから起きているのです。メンティは、勉強をしないことによる問題に気づいていないため、まずは問題に気づかせなければなりません。「勉強をしましょう」ではなく、「勉強することについてどう考えているのか」を問いかけて、メンティを理解することから始めます。

無関心期から準備期に至るまでは半年以上、実行期から維持期になるまでさらに半年かかることもあるでしょう。一般に、行動変容のステージを上がるためには、いつもと違う行動をしなければならないため、不安やストレスを感じてしまいます。そのため、居心地の良い現状を変えたくないという思考が働いてしまい、行動できなくなってしまうのです。

居心地の良いメンタルエリアは、**コンフォートゾーン**と呼ばれます。コンフォートゾーンの外に出るためには、新たな行動に対する不安に慣れたり、ストレスの原因を取り除いたりしなければなりません。メンタリングをすることで、メンティの不安やストレスの要因を明確にでき、メンティがそれらに向き合って一歩踏み出せるようになるでしょう。

図2.1.5　**メンタルエリア**

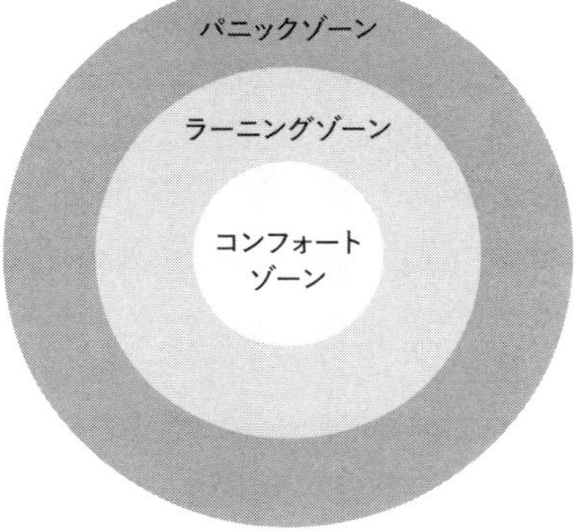

新たな行動をすると、コンフォートゾーンの外側にあるラーニングゾーンに入ります。ラーニングゾーンでは、適度なストレスにより緊張感を持って学びを得られるでしょう。

過度にストレスがかかりすぎると、さらに外側にあるパニックゾーンに入ってしまいます。パニックゾーンに入ると、何が起きているのか理解できなくなり、どのようにしていいのかわからなくなってしまうのです。

したがって、新たな行動を促すにもメンティに合わせた調整が必要です。メンターは、メンタルエリアも考慮しながら、メンティが行動変容のステージを上がれるように働きかけなければなりません。

コンテクストの明確化

人は、常に頭の中で言葉を使って何かを思考しています。頭の中の会話によって、いくつもの感情が湧き起こり、さまざまな妄想を膨らませているのです。「嫌なことがあったときに一人で悶々と考えてしまった」という経験をされたことはあるでしょうか。そのような、心の声や自動的に思考していることを、**マインドトーク**といいます。

マインドトークは、無意識に行われているのですが、マインドトークこそがメンティの本心でありストレス要因になっています。マインドトークを自覚することで、メンティは問題と向き合えるようになるでしょう。
メンティからマインドトークを引き出すには、マインドトークを言語化することが有効です。思っていることを、そのまま声に出してもらい、文字起こしをするのがよいでしょう。メンティは、マインドトークを言語化する際に、初めて思考整理を行います。時には、言葉に詰まり長考してしまうこともあるでしょう。メンティの長考で沈黙が続くと、気まずく感じるかもしれませんが、動じないでください。メンターが口を挟んでしまうと、メンティのマインドトークが止まってしまうためです。
メンティがマインドトークを言語化した次は、コンテクストを明確にします。「どのような状況や背景が存在しているのか」、「どのように問題を認知しているのか」をメンティの言葉からくみとり、言葉からわからないものがあれば問いかけを重ねます。一見、メンターがメンティの理解を深めているように見えるのですが、メンティも初めて自分自身の思考を認識できるようになるのです。これは、メンティが現在の考えに至るまで、無意識にマインドトークで思考していたからです。
メンティの言葉を注意深く観察すると、「事実」と「思い込み」という要素が見つかるでしょう。思い込みは、過去の経験や感情などから作られていて、「物事を認知する枠組み」である**認知フレーム**になります。認知フレームを発見したら、認知フレームを変えていくように問いかけをしましょう。
［図2.1.6 認知の構造］を例にすると、「言いたいことを言ったからケンカになったので、言いたいことを言ってはならない」と思い込んでいます。ケンカになった真因を、「言いたいことを言ったから」にするのは、客観的に見ると安易です。しかし、本人は気づかないのが認知フレームです。

図2.1.6　**認知の構造**

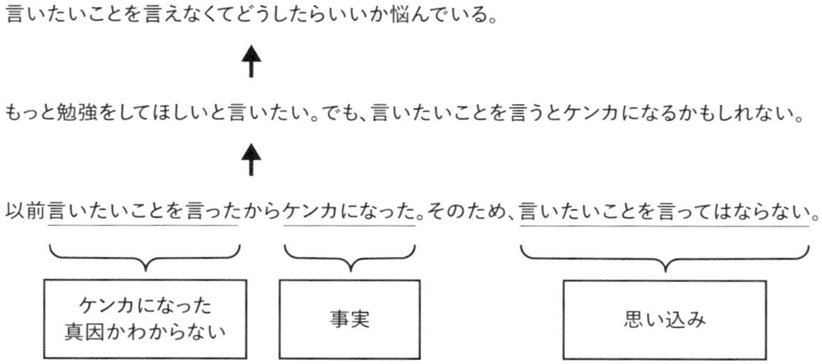

メンターは、ケンカの原因について問いかけを重ねることで、新たな気づきを与えられるかもしれません。あるいは、「言いたいことを言う」イコール「ケンカになる」という等式を崩す事実が、メンティの経験にあることを探っていくこともできるでしょう。

とらわれている認知フレームに、自ら気づくことで人は変われます。これを、リフレーミングといいます。メンティがリフレーミングをすることで、別の視点から問題を認知できるようになるでしょう。

マネージャーのメンター

マネージャーは、メンターとしてメンティの悩みを聞くことはあっても、自らの悩み（マネジメントの悩み）を相談できる人は少なくなります。マネージャーのメンターには、誰が適任なのでしょうか。

「メンターはいなくてもいい」と考えているのなら、マネージャーとしてプロフェッショナルになることはできないでしょう。マネージャーにもメンターは必要です。他人をメンタリングできる人でも、自分自身のメンタリングほど難しいものはありません。マネジメントに入門したばかりの頃は、なおのことメンターが必要でしょう。

マネージャーのメンターと聞くと、頭に浮かぶのは上司かもしれませんが、ほかにも選択肢を探してみましょう。同僚のマネージャーに、メンターを頼むのはどうでしょうか。マネージャーであればメンタリングスキルもさることながら、悩みや課題に対しての理解も早いでしょう。社外のマネージャーにメンターを頼むのもよいかもしれません。ほかにも、マネージャーというロールに縛られずに、メンタリングができる人を探してみましょう。マネージャーは、自分自身をマネジメントするためにも、自分のメンターを見つけなければなりません。

2-2. 対話のフレームワーク

クライアントと対話する手法として、1on1ミーティング（以下、1on1）があります。1on1とは、マネージャーとクライアントが1対1の対話を、定期的（週1回〜月1回に30分ほど）に実施するミーティング手法です。対話をとおしてクライアントをサポートし、クライアントのふりかえりを促進します。

1on1には、①成長を支援する、②コミュニケーションを円滑にする、③相互理解が進む、④情報交換をする、⑤ラポール形成するという効果があります。1on1の効果を最大限に高めるには、コミュニケーションスキルが必要になるでしょう。コーチングやフィードバック、メンタリングなどを用いて対話を促進します。

1on1は、多くの企業に導入が進んでいます。その背景には、VUCA時代に移り変わってきたことが挙げられるでしょう。VUCA時代では、クライアント一人ひとりが変化に対応して、日々学ばなければなりません。したがって、従来のスタイルでマネジメントすることが、難しくなってきたのです。

1on1を実施していない場合は、クライアントとどのような対話がなされていたでしょうか。たとえば、数か月に一度の評価面談で対話するというケースが考えられます。そこでは、クライアントの意思と関係なく、目標や評価の話を一方的にしてしまうでしょう。コーチングやメンタリングが実施されることはなく、急かすようにフィードバックが行われます。

このように、形式だけの対話を行っても意味はありません。クライアントへの最適なフィードバックは行えずに、クライアントの成長どころか異常にも気づけないでしょう。クライアントをよく観察して、言語・非言語情報からクライアントへの理解を深めなければなりません。

1on1と経験学習

人は、研修や読書などから学ぶほか、経験からも多くのことを学びます。経験から学び得るには、**経験学習**が効果的です。経験学習とは、教育理論学者コルブが提唱した学習プロセスで、次に挙げる4つのプロセスから構成されます。

1. **具体的経験** — 新しい経験や状況、元の経験を再解釈する。クライアントが、周囲に働きかけることで発生する相互作用が経験となる。
2. **省察的観察** — 対話をとおして経験や出来事の意味を俯瞰的、多角的にふりかえる。「内省」や「リフレクション」ともいわれる。
3. **抽象的概念化** — 経験を一般化、概念化、抽象化して、応用可能な知識や対応を自ら作り上げる。
4. **能動的実験** — 経験で学んだことからアクションをして、どうなるかを観察する。アクションは新たな具体的経験となる。

4つのプロセスは独立したものでなく、①具体的な経験をして（具体的経験）、②経験したことをふりかえり（省察的観察）、③経験によって学んだことから独自の理論やアクションを作り出し（抽象的概念化）、④試行することで新しい経験をする（能動的実験）というサイクルになります。

図2.2.1　コルブの経験学習

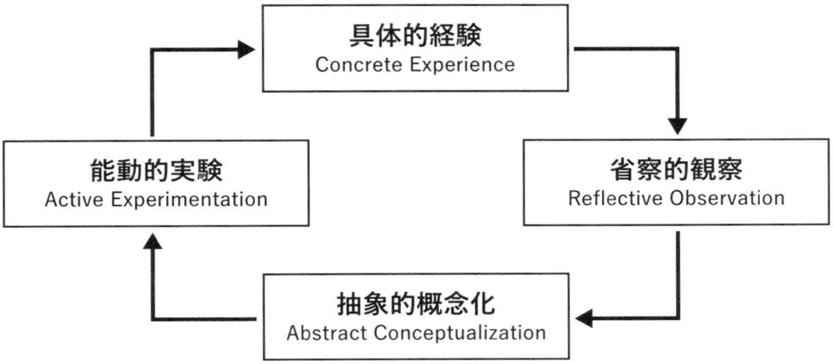

1on1を定期的に実施することで、経験学習のサイクルが作り出されます。そのサイクルにおいて、マネージャーが1on1をとおして②省察的観察と③抽象的概念化をサポートして、クライアントは業務をとおして①具体的経験と④能動的実験をするのです。

図2.2.2　経験学習と1on1の関係

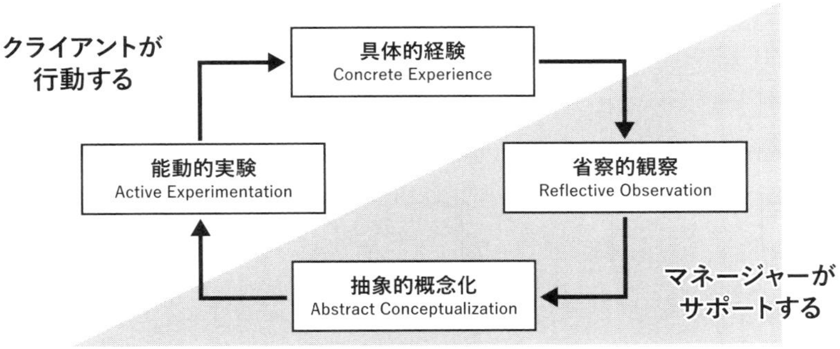

1on1に頼らずとも、「クライアント自身で省察的観察と抽象的概念化ができないのか」という疑問が浮かぶかもしれません。たしかに、日報を書いたり自問自答したりすることで、内省は可能です。しかし、自らをメンタリングするためには、自分自身に向き合う強い意志が必要です。その意

志を持ち続けて、経験学習のサイクルを回すのは非常に難しいでしょう。

1on1の進め方

1on1には、基本的な型があります。まずは、型を自らのものにすることから始めます。型に慣れてきたら応用・工夫を重ねて、自分なりの1on1スタイルを見つけるとよいでしょう。

1on1のステップは、①テーマを決める、②話を聞く、③行動を促す、④励ましとサポートをする、という4つからなります。これらのステップを経て、省察的観察と抽象的概念化を行います。

事前・事後のフォローも忘れてはなりません。事前にクライアントの状況を把握して、テーマを仮設して準備をします。事後は、クライアントの支援とともに、クライアントを観察します。

図2.2.3　1on1 Overview

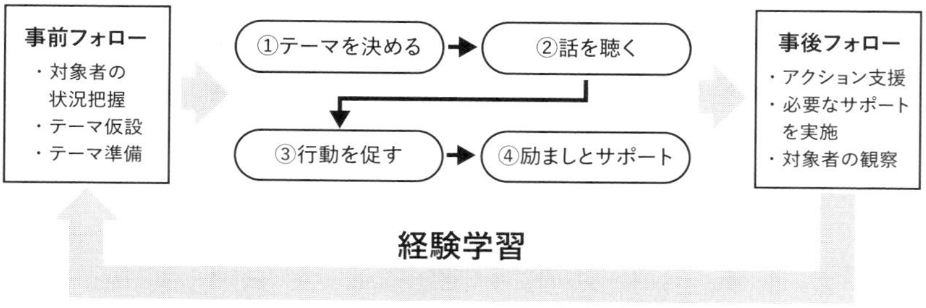

図示した1on1の要素を、「1on1 Overview」と呼ぶことにしましょう。それでは、具体的な1on1のステップを、会話例も交えながら詳解します。

テーマを決める

1on1の主役はクライアントです。対話の時間は、すべてクライアントのためのものです。そのため、クライアントが話したいことを、テーマに選定してもらいます。最初にアイスブレイクをして話しやすい空気を作り、今日の話題についてクライアントと認識を一致させます。

テーマ選定について、具体的な会話にすると次のような導入になるでしょう。

- 「今日は何について話しますか？」
- 「どのようなテーマにしますか？」
- 「この時間をどのように使いたいですか？」

クライアントからのテーマがないときもあります。そのときに限って、マネージャーからテーマを出すのは問題ありません。たとえば、次のようなテーマをクライアントの状況に合わせて選定します。

- 直近の仕事をふりかえる。
- 悩みや不安を解消する。
- 目標に対して現状を確認する。
- 課題を明確にしてフィードバックする。
- 中長期的なキャリアを描くサポートをする。

話を聞く

テーマに沿って、クライアントの話を聞くことに徹します。話を聞く際は、クライアントの話を遮らずにすべてを受け止めましょう。そして、観察・質問／問いかけ・傾聴・承認をすることで課題の本質を探ります。

- 「〇〇というのを具体的に教えてくれますか？」
- 「やってみて気づいたことは何ですか？」
- 「うまくいった／うまくいかなかった要因は何ですか？」
- 「それが起きたときは、どのような気持ちでしたか？」
- 「なぜそのような気持ちになりましたか？」

1on1においても議事録を取り、クライアントへ即座に共有することをお勧めします。議事録は、1on1で話した内容を忘れないようにするのはもちろんですが、ほかの効果もあるからです。クライアントの言葉を即座に明文化することで、クライアントが自分の言葉を客観的に見られるようになるのです。これにより、クライアントは自分自身の考えを知り、新しい気づきを得られるでしょう。

行動を促す

問いかけやフィードバックをとおして、クライアントのアクションを促します。アクションは、クライアントに言語化してもらうことでより具体的になるでしょう。「いつまでに何をする」というアクションを、クライアントにコミットメントをしてもらいましょう。

- 「得られた学びは何ですか、次はどうしますか？」
- 「話を聞いてみて○○がポイントに感じますが、どう思いますか？」
- 「解決に向けて具体的にどのようなことをやりますか？」
- 「その行動を阻害する要因は何ですか？」
- 「いつまでに行いますか？」

一方で、期日までにアクションが実行されなくても、クライアントを責めないでください。実行できなかった背景を紐解くことで、新しい課題が見つかるかもしれません。

また、クライアントのアクションにこそ価値があるので、マネージャーがアクションを持たないように気をつけましょう。

励ましとサポート

手伝えること・協力できることを確認して、クライアントが必要とする事項に対して支援をします。ほとんどの事項は、クライアントだけで対応できますが、組織の権限などでクライアントがどうしても対応できないものもあるでしょう。そのような事項は、マネージャーが対応します。

1on1の最後に、ほかに課題がないか確認をします。しかし、ここから話が発展することもあるため、終了時間の5〜10分前を目安に進めるとよいでしょう。最後に、1on1の時間をもらえたことに感謝をして、1on1を終了します。

- 「わたしにサポートできることはありますか。」
- 「今日出てきた課題については、別途時間を取ろうと思いますがどうですか。」
- 「何があったらその行動の後押しになりますか。」
- 「ほかに、何か気になっていることはありますか。」
- 「今日は時間をくれてありがとう。」

2-3. 会議の進め方

マネージャーになると、必ずと言っていいほど会議が増えます。マネージャーの業務時間は、50%が会議に使われているという研究結果もあるように、分単位で会議時間に追われている人もいるのではないでしょうか。会議を渡り歩いて、気が付けば終業時間になっていることもあるでしょう。

会議が続くことで「会議が増えるのは仕方がない、会議こそがマネージャーの仕事だ」と、思い込んでしまうかもしれません。しかし、会議は**マネージャーが仕事を遂行するための手段**でしかありません。会議を用いて目的を達成することが、会議の本質です。

会議は大別すると次の3種類があり、その目的によって運営方法は異なります。

- **伝達** — 情報共有、申し送りなど。ゴールは情報を伝達すること。チームに伝えたいこと、チームが伝えたいことを共有する。
- **創造** — ブレインストーミングなど。ゴールは新しいことを産み出すこと。そのため、会議の進め方も工夫を凝らしたイノベイティブなフレームの利用が多くなる。
- **決定** — 承認会議・経営会議・取締役会など。ゴールは意志決定をすること。意思決定者にプレゼンや説得を行い何かを決める。また、チームの意志決定の場として開催することもある。

ドラッカーは、会議は業務における例外だとしました。もし、業務時間の25%以上を会議に費やしているなら、組織構造に欠陥があるとまで言いました。会議の本質である「達成したい目的」を考えると、会議を行うことがすべてでないことは明らかです。一方で、マネージャーの仕事においては、会議が最適な手段となることが多いのも事実です。マネージャーは、手段として適切な会議を開催しなければなりません。

定例会議症候群

会議を増やす要因の1つとして、定例会議が挙げられます。決まった日時で実施する定例会議は、マイルストーンとして活用できることや、予定調整が一度限りで済むなどのメリットがあります。しかし、定期的に開催されること自体がデメリットにもなるのです。たとえば、次に挙げるような問題が発生するでしょう。

- 会議の目的やテーマが毎回異なる。
- アジェンダがない、あるいはアジェンダが不明瞭になる。
- 会議で話すまでもない内容が議題になる（メールやチャットで目的を達成できる）。

定例会議を繰り返すことで、会議の目的が不明瞭になり、会議に適切な参加者をアサインできず、形骸化した会議になってしまうこともあります。

定例会議に合わせて行動してしまうことを、定例会議症候群と呼ぶことにしましょう。定例会議症候群に陥ると、定例会議を中心として業務のサイクルが回ります。会議の目的は何かを考えずに、会議だけをこなし、仕事をした気になってしまいます。仕事の期日を定例会議に合わせて設定してしまうと、1週間や2週間のリードタイムがいとも簡単に生まれてしまうでしょう。このような定例会議がいくつも存在していたら、それこそ組織構造の欠陥になってしまいます。

会議の壊し方

良い会議を作ることは難しいですが、会議を壊す（台無しにする）のは簡単です。会議は、いともたやすく破壊できます。会議の壊し方を理解すると、逆説的に良い会議を作れるようになるでしょう。会議の壊し方は無数にありますが、中でもよく目にする会議の壊し方を7つ取り上げます。

1. **闇鍋会議** — 会議の目的、アジェンダを事前に伝えない会議。闇鍋のように、蓋を開けるまでは何が始まるかわからない。参加者が会議の準備をできないために、意見は減るが会議は長引く。
2. **時間意識の欠如** — 時間どおりに進行しない、終わらない会議。会議に遅刻する人がいる、議題と関係のない話をする、タイムキーパーがいないなどにより、ダラダラと会議が続き参加者の時間を奪い取る。
3. **大名行列会議** — 大勢の参加者を集めた会議。ぞろぞろと会議室に向かうのは、まるで大名行列の様。参加者が増えることで、一人ひとりの発言は減る、あるいは多くの人が発言してまとまらない。
4. **忘却の会議** — 議事録などの記録を残さない会議。会議で決定したこと、次のアクションなどが曖昧になり、参加者の認識齟齬が発生する。最悪の場合、同じ議題の会議を開催する羽目になる。
5. **議論の空中戦** — 文書などの共有はなく、参加者の意見も明文化しないでその場の発言だけで議論する。参加者の頭上を言葉だけが飛び交い、しだいに何を議論しているのかさえわからなくなる。
6. **発言の否定** — 建設的な意見を出さずに、参加者の発言を否定するだけの人がいる会議。何度も否定されることで、参加者は萎縮してしまい、しだいに発言をしなくなる。
7. **結論の先送り** — 結論を出さずに終了する会議。議論が発散したままだと、会議の目的に対して何も進展はない。意思決定者が決定しない場合も同様。

会議の壊し方、すなわち会議におけるアンチパターンを意識して実行する人はほとんどいません。しかし、気づかないうちに会議を壊しているのです。

会議が壊れることを防ぐために、組織としてグランドルールを設けることがあります。グランドルールとは、会議などを行う際に設定するルールで、ルールを守ることで良い会議の実現をサポートします。グランドルールのように、会議を壊させない仕組み作りは有効ですが、会議の破壊を完全に防ぐ術はありません。

会議は、たしかにマネージャーの仕事ですが、目的を達成するための手段でしかありません。会議の量も質も、自らでコントロール可能です。そのためには、ファシリテーションスキルが必要になります。

ファシリテーション

ファシリテーションとは、「促進する」という意味です。ファシリテーションをする役割がファシリテーターと呼ばれます。ファシリテーターと聞くと、会議におけるファシリテーターのイメージがあるかもしれません。しかし、会議だけにとどまらず人々の活動を支援・促進するのが、ファシリテーションの本来の意味になります。

ファシリテーターが、人々の相互作用におけるプロセスを舵取りすることで、一人ひとりの知恵や能力が発揮されて、今までにない発想が生まれることでしょう。

ファシリテーションスキルは、体験から学ぶことが多くあります。自らがファシリテーションする機会を積極的に増やしていくことが、スキルアップにつながります。

ファシリテーションデザイン

ファシリテーターは、対話の場をデザインします。ファシリテーションデザインを構成する要素には、①議論に至る背景や議論の目的、②議論終了条件であるゴール、③アジェンダなど会議のプロセス、④会議運営のルール、⑤必要最小限で多様な参加者があります（堀, 2018, pp.63-68）。

ファシリテーションデザインの要素が含まれているフレームワークに、**OARR**（オール）があります。OARRとは、会議で事前に定義しておくべき4項目の頭文字を取って、そう呼ばれます。

- **Outcome** — 成果イメージ、具体的な目標。会議でどこまで話すのか、会議のゴールを決める。Outcomeを設定することで、目的のないダラダラした会議を防止する。
- **Agenda** — 予定、議題。アジェンダを作り、タイムスケジュールを作成して事前配布する。

- **Role** — 参加者の役割。議事録担当、ファシリテーターなどを事前に決めておく。それにより参加者も自主性を持つことになる。Roleの定義は参加人数の適正化にも役立つ。
- **Rule** — 約束、心得。決定方法などの会議のルールを決定する。たとえば、人数が多い会議でも決定のルールがあると意見がスムーズにまとまるという効果がある。

OARRを用いると、質の高い会議になります。対して、OARRが定まっていない会議は、簡単に壊されてしまうでしょう。

参加者が意見を出しやすい場所や環境を用意することも、ファシリテーターの大事な仕事です。閉鎖的な空間／開放的な空間という違いでも、議論の内容が変わります。創造的な議論をしたければ、非日常的な空間を用意するのもよいでしょう。たとえば、合宿のように仕事から離れた空間で議論することで、新しい発想が出やすくなり、普段とは違う議論ができるかもしれません。

議論の場における、座席配置にも工夫が必要です。座席配置には、人間心理が深く関係します。たとえば、正面に座った相手が発言するとその人も発言する傾向があり、これをスティンザー効果といいます(Steinzor, 1950, pp.552-555)。これに対して、意見が対立する相手を正面ではなく斜めや隣に配置することで、議論の流れをコントロールできるかもしれません。また、1対1の対話の場では、L字に座ることでお互いに視線をはずしやすくなり、緊張を軽減することもできます＊13。以上を応用したワークショップでは、円形のテーブルを利用して対面配置を作り出さないようにしたり、発言する人の正面に静かな人を配置したりするような工夫が見られます。

＊13　カウンセリングにおいては、L字に座ることを直角法として定義しています。

図2.3.1　**座席配置の例**

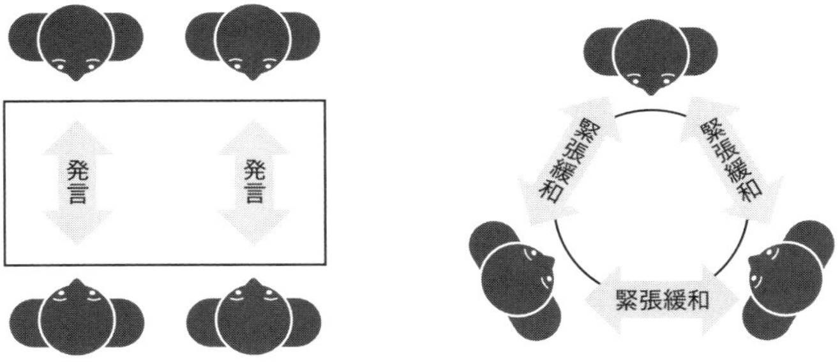

ファシリテーションデザインをすることは、会議やワークショップにおいて大事なことです。それが「会議の成否を分ける」と言っても過言ではありません。ファシリテーターは、ファシリテーションデザインに相応の時間を投資する必要があるのです。

ファシリテーションプロセス

会議やワークショップにおけるプロセスはいくつもの方法があり、目的によって適したプロセスも異なります。ファシリテーションプロセスで用いられる代表的なパターンについて、堀(2018)は次に挙げる7つのプロセスを示しました。

- **発散・収束型プロセス**
  発散 → 収束 → 発散 → 収束
- **同意形成型プロセス**
  提案 → 審議 → 代替案 → 決定
- **問題解決型プロセス**
  問題設計 → 原因分析 → 方策立案 → 行動決定
- **目標達成型プロセス**
  目的共有 → 条件設定 → 方策立案 → 行動決定
- **起承転結型プロセス**
  起 → 承 → 転 → 結

- **体験学習型プロセス**
  体験 → 指摘 → 分析 → 仮設
- **組織変革型プロセス**
  会話 → 対話 → 議論 → 省察

「ファシリテーション入門」(堀公俊. 2018. 日本経済新聞出版社. p.71)より引用

たとえば、ブレインストーミングでは、新しいアイデアを出し合い整理する「発散・収束型プロセス」を用います。ワークショップに適するのは、体験した内容をふりかえり、分析して次の仮説を立てる「体験学習型プロセス」です。技術導入の検討会議は、提案内容を議論して決定する「同意形成型プロセス」になるでしょう。ファシリテーションプロセスはそれぞれ用途が異なっています。これらのプロセスは、組み合わせて使うこともできるので、目的や参加者に合わせたプロセスを計画するとよいでしょう。

ファシリテーションプロセスが計画どおりに進めばよいのですが、簡単にことは運びません。ファシリテーションの現場では、いつも予想外のことが起きます。そのため、ファシリテーターには、次の2つの力が必要になります。

第一に、**観察力**です。観察力とは、「どのような発言があったのか」、「参加者がどのような状況になっているか」など、今起こっている事実を確認することです。難しい顔をしている人は、話に納得していないかもしれません。黙っている人は、何かを考えているのでしょうか。このように、参加者を観察することで得た事実から、次に取るべき行動を考えます。

第二に、**即興力**です。ファシリテーターは、状況に合わせて柔軟に動かなければなりません。意見を出さない人に話を振ったり、客観的な視点から質問したりすることで、意見を引き出します。長く話す人の要点を整理して、時には話を遮ることも必要でしょう。話が脱線したら主題に戻し、残り時間を確認して流れをコントロールします。即興でプロセスを再構成することもあるでしょう。

観察した事実をもとに即興で対応することで、ファシリテーションプロセスを支えられます。ファシリテーターは、観察力と即興力を駆使して、議論のゴールを目指して舵取りをします。

質の高い会議にする4つのテクニック

ファシリテーターは、好んでホワイトボードを利用します。ホワイトボードは、単に議事録を書くのではなく、上手に活用することでさまざまな効果を発揮する万能ツールになるでしょう。本項では、ホワイトボードを用いた会議の一助になるテクニックを4つ紹介します。

1つ目のテクニックは、「テーマにフォーカスさせる」です。議論は、放っておくといつまでも発散してしまいます。そこで、「参加者が1つのものを見る」という構図を作り出すことが効果的です。ホワイトボードを使用し、参加者の視線をホワイトボードに集中させて、議論のブレを防ぎます。

2つ目は、「意見を明文化する」です。発言された意見をホワイトボードに明文化することで、発言者は意見が聞いてもらえていると感じ、さらに活発に発言をできるようになります。また、意見を明文化することは議論の空中戦を防止します。

図2.3.2　質の高い会議のホワイトボード

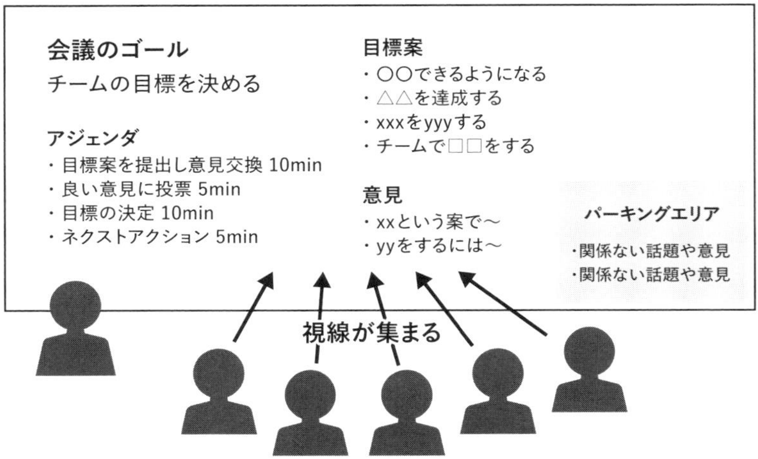

3つ目は、「パーキングエリアを作る」です。フォーカスを作っても、議論と関係ない意見は出てくるでしょう。すべての意見を聞いていると、会議は時間どおりに終わらなくなります。そのようなときは、パーキングエ

第3章 チームをエンジニアリングする

チームのマネジメントを任せられたマネージャーは、チームビルディングに携わります。成果をあげる良いチームを作ることは、マネージャーの責務になるでしょう。

本章では、良いチームを考察して、チームの立ち上げからチームの運営に至るまでをまとめます。

第3章で学ぶこと

- 指示をすることによるチームへの影響
- リーダーシップスタイルの種類と使い方
- 良いチームになるための考え方
- チームメンバーの退職コストと備え方
- チームとマネージャーの価値の考察

3-1. マネージャーが「指示待ちチーム」を作ってしまう

あなたの理想のチームは、どのようなチームでしょうか。チームのマネジメントを任せられたからには、理想のチームを目指してチーム作りをすることでしょう。初めてのチーム作りなら、なおのこと理想のチームへの期待は大きくなります。

しかし、チーム作りはそううまくいきません。現実のチームは、思い描くような行動はしてくれずに、理想からは程遠い日々が続きます。チームメンバーは、日々の業務における不平不満を口にしたり、マネージャーの意に反した行動をしたりすることもあるでしょう。

チーム作りに苦戦する日々が続くと、マネージャーはチームに指示をしてしまいます。「こうしてください」「ああしてください」と指示をすることで、チームは一見理想どおりの行動をするかもしれません。しかし、細かい指示を続けてしまうと、指示待ちチームを作ってしまう危険があるのです。指示待ちチームは、マネージャーの指示を常に待ってしまい、マネージャーがいないと何もできなくなるでしょう。
そうならないためにも、指示を必要に応じて使いつつも、チーム作りをチームと共に行うことをお勧めします。

「指示」の使い方

細かく指示することを、**コマンド・アンド・コントロール**（命令と統制）といいます。指示どおりに人を動かすことで、指示者の意のままにことを運ぼうとします。大きな意思決定を高速に実行する場合や、システム障害などの緊急事態には有効な手法になるでしょう。

コマンド・アンド・コントロールは、「自分の思い描いたとおりになる」という期待値が高いため、安心感があるかもしれません。しかし、多用してしまうと次に挙げる3つの問題が発生してしまいます。

第一に、指示者に依存します。指示を受けた人は何も考えなくなり、指示者がいないと何もできなくなってしまうでしょう。依存が進むと指示待ち人間へとなってしまいます。

第二に、変化に対応するスピードが遅くなります。指示待ち人間は、状況が変化しても指示なしでは次の行動に移せません。そのため、変化に対処する前に指示待ちが発生するでしょう。

第三に、指示以上の成果は出せません。指示された内容よりも最適な対応があっても指示が優先されたり、誤った指示にも従ったりします。指示者の能力の限界が、組織の能力の限界になってしまうのです。

これらの問題から、不確実なものに対してコマンド・アンド・コントロールは向いていません。そこで、**ミッション・コマンド**（方針の指示）という方法があります。ミッション・コマンドでは、組織の方針を伝えることで、現場が自ら判断して行動をします。そこに細かな指示は存在しません。現場の状況に合わせて行動をするため、不確実な状況においても迅速かつ柔軟な対応が期待できるでしょう。

コマンド・アンド・コントロールは中央集権型のトップダウン方式、ミッション・コマンドは地方分権型のボトムアップ方式といえます。どちらの方法も長所と短所があるので、目的に合わせてコマンドを使い分けるとよいでしょう。

マイクロマネジメント

コマンド・アンド・コントロールを続けていると、指示待ちチームが作られてしまうのは、チームに対してマイクロマネジメントを行っているからです。

マイクロマネジメントとは、監督・干渉を必要以上に行っている状態のことです。チームは、自ら判断しても意味がないと思ってしまう、あるいは指示者からのフィードバックを恐れて判断を避けてしまいます。たとえば、自分の仕事内容に上司が逐一口を出してきたので、対応が面倒になってしまい、言われたとおり仕事をしたことはないでしょうか。このような行動が、マイクロマネジメントの影響です。

一度マイクロマネジメントに陥ると、過干渉のループに入ってしまうので抜け出すのが難しくなるでしょう。

図3.1.1　過干渉のループ

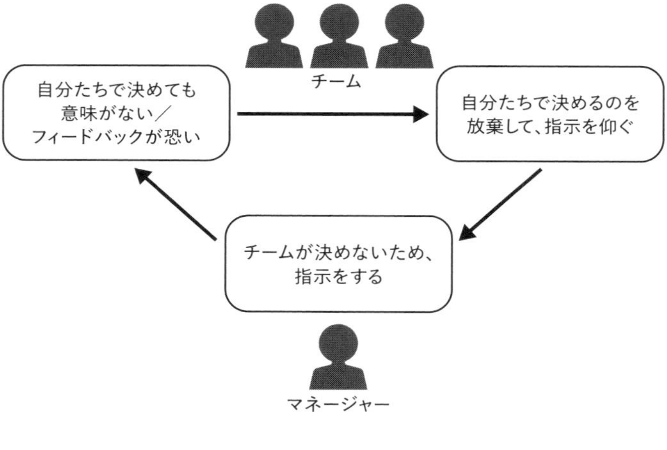

マイクロマネジメントをしたいと思う人は誰もいません。マイクロマネジメントの恐ろしさは、自分自身も**マイクロマネジメントをしていることに気づかない**ことです。

マネージャーは心配や不安から、つい口出しをしてしまい監督と干渉を強めてしまうのでしょう。そして、気が付くとマイクロマネジメントをしているのです。その例を挙げましょう。ある開発チームのマネージャーがいたとします。マネージャーは、チームの仕事を細かく確認して、細かく指示を出していました。チームもマネージャーを頼り、あらゆる相談や課題がマネージャーに集まっていました。マネージャーに判断を仰ぐと即座に決断し、課題を伝えるとすぐに解決してくれます。ある日、マネージャーが病気のため長期休暇を取ることになりました。残されたチームはどうなるでしょうか。おそらくチームは機能しなくなるだろうと想像できます。なぜかというと、チームはマネージャーに依存してしまい、マネージャーなしでは何も判断できなくなっていると考えられるからです。マネージャーもよかれと思い干渉していたことは、チームにとっては良くない結果となることがあるのです。

マイクロマネジメントは、誰も気づかないうちに始まっています。気づいた頃には過干渉のループへ入り、ループが始まると何もできないチームになってしまいます。マイクロマネジメントを回避するには、委譲したものは過度に干渉しないで、失敗も許容する覚悟を持ちましょう。

委譲はマネージャーのスキル

マネージャーは有する権限や業務を委譲できます。委譲を適切に行うことが、マネージャーの仕事になります。さらに言えば、委譲できる能力の有無がマネージャーとして働けるか否かの決定的な違いです。

委譲は、単に業務を丸投げすることではありません。実務者と期待をすり合わせて、お互いに納得してから委譲をします。そのためには、次に挙げる3つの要件を明確にするとよいでしょう。

- **成果** — いつまでに何を達成して、どのような成果をあげるのかをすり合わせて、共通認識を持つ。
- **権限** — 行使できる権限、および使用できるリソース（人材、資金、技術など）を明確にする。なお、権限を委譲しても責任までは委譲できない[*14]。
- **評価** — 成果を評価する基準と時期、評価によって期待できることは何かを伝え

＊14　責任を負わせることは移譲であり、権限や業務を対象者に完全に移すことになります。

る。報酬やキャリアへの影響、組織への貢献を明確にする。

これらの要件を文書にして伝えることで、委譲を進められるでしょう。また、注意事項や制約があれば伝えて、必要最低限のサポートを確認してください。

何をどこまで委譲しているかは、齟齬が生じやすいものです。それは、委譲をする／しないがゼロイチではなく、委任から委譲までのグラデーションが存在しているためです。このグラデーションについて、『マネジメント 3.0』では7つの権限レベルを示しました。権限レベルをお互いに認識することで、齟齬なく委譲ができるようになるでしょう。

- **レベル1：告げる**：あなたが判断し，それらをあなたの部下に知らせる．（これは，実際には全然委任ではない．）
- **レベル2：売り込む**：あなたが判断するが，あなたは実務者たちに自分のアイデアを「売り込む」ことによりそれらの人たちの関与を得ようとする．
- **レベル3：相談する**：あなたは，判断に至る前に，実務者たちを招き，意見を熟考する．それでも，判断を下すのはあなたであることは明確にする．
- **レベル4：合意する**：あなたは，実務者たちを議論に参加するように呼びかけ，グループとして合意を得る．あなたの意見は，他の人たちと等価である．
- **レベル5：助言する**：あなたは，実務者に自分の意見を説明することで実務者たちに影響を及ぼそうとするが，最終的にあなたは実務者たちに判断を任せる．
- **レベル6：尋ねる**：あなたは，厳密に必須ではないが，あとでチームが自分を説得できればうれしいという提案とともに，チームにまず判断してもらう．
- **レベル7：委譲する**：あなたは，そのことへの対応をすべてチームに委ねて，その場を離れて愉快な時間を過ごす．（あるいはそのシステムをマネージするためにその時間を使う．）

「マネジメント 3.0: 適応力の高いチームを育むための6つの視点」(Appelo, J. 藤井拓訳. 2022. 丸善出版. pp.144-145) より引用

マネージャーが委譲をしたいと考えていても、一足飛びに権限レベル7にはできないことがあります。委譲をするためには、実務者に業務を遂行

できる能力が必要です。業務の期日や実務者の業務量調整も必要になるでしょう。これらのことを踏まえて、適切なレベルで委任あるいは委譲をしなければなりません。

また、委譲をしたにもかかわらず、尋ねたり助言をしたりすることがあるでしょう。委譲した業務や実務者を気にかけての行動ですが、このような行動を続けてしまうと、権限レベルが下がってしまうだけではなく、マイクロマネジメントになりかねません。したがって、委譲をするからには、実務者を信じて委ねなければなりません。

委譲は、マネージャーにとって重要なスキルです。マネージャーが委譲をできるようになると、チームは自らの意思で仕事をして、指示のいらない自立したチームになるでしょう。

3-2. リーダーシップスタイルを使いこなす

チームを作るには、リーダーシップが必要になります。リーダーシップとは、統率力や指導力などの人に行動を促す力のことです。リーダーシップを発揮することで、チームを指揮して導けるようになります。

「私にはリーダーシップがない」と思っていても、安心してください。リーダーシップは、先天的な才能ではなく、訓練によって身につけられる後天的な能力です。リーダーシップを必要とする機会に挑戦することで、少しずつ身につけられるでしょう。

リーダーシップの考え方の1つとして、チームリーダーマニフェストがあります。チームリーダーマニフェストには、チームリーダーとして信じるべきことが示されています。

> **我々は次のことを信じている**
> **偉大なチームは成長によって作られる。雇うことで作られるものではない。**
> **チームリーダーの目標は、チーム内の人々のスキルを自己組織化に至るまで継続的に成長させることだ。幸せなチームは顧客と雇用主の両**

> 方を幸せにする。このゴールに到達するため、私たちは常に次のことを追求しなければならない。
>
> - 全員が安全地帯にとどまるのではなく、自分自身とチームがより良くなるために挑戦していく。
> - 特定のリーダーシップスタイルを押し付けるのではなく、必要に応じてリーダーシップスタイルを変化させる。
> - マシンとばかり向き合うのではなく、人とのやりとりに参加する。
>
> 「エラスティックリーダーシップ：自己組織化チームの育て方」(Oserove, R. 島田浩二訳. 2017. オライリージャパン. p.9)より引用

チームのフェーズ

マネージャーが、チームに対してするべきことは、チームが置かれている状況によって変わります。これは、**チームのフェーズ**と深い関係があります。

チームのフェーズを説明する例として、学生時代のクラス替えを思い出してください。クラス替えの当日は、なじみのない人達に囲まれて、不安な気持ちになったことでしょう。日を重ねるにつれて新しい環境にも慣れ、クラスメイトとも会話ができるようになります。そして、1年が経過した頃には、信頼できる仲間になっていたでしょう。しかし、学年が変わると同時にクラスは解散して、新しいクラスが組成されました。このように、学生時代のクラス替えは、チームの組成から解散までのフェーズをたどっていたといえます。

クラス替えと同様に、組織においてもチームを組成した直後は、チームメンバー間のコミュニケーションがうまく取れず、十分なパフォーマンスが発揮できません。時間をかけて相互理解することで信頼関係が構築され、チームが機能するフェーズに移り変わるでしょう。

このように、チームにはフェーズがあります。チームのフェーズは、心理学者タックマンによって概念化され(Tuckman, 1965, pp.384-399)、**タッ**

クマンモデルと呼ばれました。タックマンモデルは、チームのフェーズを5つに分けています＊15。①形成期、②混乱期、③統一期、④機能期、⑤散会期へとチームのフェーズは移り変わるのです。これらのフェーズはすべて必要なもので、避けることはできないといわれます。

図3.2.1 **タックマンモデル**

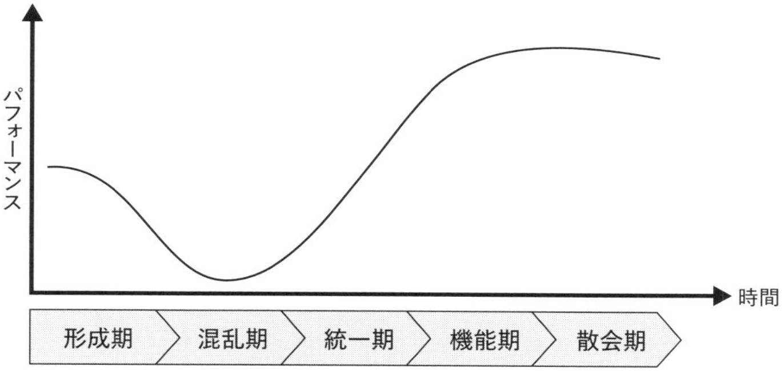

1. **形成期 Forming** ― チームメンバーはお互いのことを知らない。また共通の目的なども分からず模索している状態。
2. **混乱期 Storming** ― チームの目的や各自の役割と責任などについて、意見を発するようになり対立が生まれる。
3. **統一期 Norming** ― 行動規範が確立する。チームメンバーの考え方を受容し、目的や役割、期待などが一致してチーム内の関係性が安定する。
4. **機能期 Performing** ― チームに結束力と一体感が生まれ、チームの力が目標達成に向けられる。
5. **散会期 Adjourning** ― プロジェクトの終了やチームメンバーの離脱などにより、チーム活動を終結させる。

タックマンモデルが表しているのは、時間の経過とともにチームが機能することではありません。各フェーズは一方通行ではなく、機能期から混

＊15 タックマンモデルのもととなった論文『Developmental sequence in small groups.』では、チームのフェーズは4段階あると論じられています。その後、さまざまな研究を経て、散会期を含む5段階が一般的に用いられるようになりました。

乱期に戻ることもあります。

マネージャーは、チームがどのフェーズにいるのかを把握して、フェーズに合わせたマネジメントを行います。フェーズに合わせるには、いくつものリーダーシップスタイルを使い分けることが効果的です。それによって、機能期に至るまでに要する時間を短くするとともに、より安定したチームを作れるようになるでしょう。

6つのリーダーシップスタイル

リーダーシップについての議論は活発で、リーダーシップスタイルについても、いくつかの考え方が論じられています。リーダーシップスタイルは、それぞれ特性があり利用に適するシーンも異なります。そのため、1つのリーダーシップスタイルだけに頼ることはできません。

成果をあげるリーダーは、1つのリーダーシップスタイルに頼っていません。状況に応じて、リーダーシップスタイルを使い分けているのです。リーダーシップを発揮するには、特定のリーダーシップスタイルに固執しないで、複数のリーダーシップスタイルを使い分けることが重要になります。一定期間で使い分けるだけではなく、瞬間に合わせて絶え間なくスタイルを切り替えるのがよいでしょう。

本書では、リーダーシップスタイル論*16の中から**6つのリーダーシップスタイル**を紹介します（Goleman, 2000, pp.137-152）。6つのリーダーシップには、①強圧型、②権威主義型、③親和型、④民主主義型、⑤先導型、⑥コーチ型があります。それぞれの型について順に説明します。

強圧型リーダーシップ ― Command

リーダーが明確な指示を行うことで、チームをコントロールします。指示することには、［「指示」の使い方］で説明したとおり、いくつかの問題があります。トップダウンからの指示は、チームの柔軟性を下げて、自尊

＊16　ほかにも、行動科学者ハーシーと心理学者ブランチャードによって、シチュエーショナル・リーダーシップ理論（SL理論）などが提唱されています。本書では、心理学者ゴールマンの提唱する6つのリーダーシップを用いますが、どちらの理論でも共通しているのは「状況に合わせたリーダーシップがある」という点です。

心を傷つけてしまうでしょう。リーダーがイニシアティブを取り続けることで、チームからは責任感が消滅してしまいます。

これらの問題から、強圧型リーダーシップは使用できないと思うかもしれませんが、一部のシーンで有効に機能します。それは、組織の再建や緊急事態の対応など、危機的状況から早急に脱出したいシーンです。また、古い習慣を変えるときや、早急な意思決定をするときにも、強圧型リーダーシップが適しています。

権威主義型リーダーシップ — Vision

ビジョンを描いて、周囲を動かすスタイルが、権威主義型リーダーシップです。明確な信念と熱意で組織を先導して、方向性を示します。ビジョンに対して「今の仕事は何を意味するのか」を明確にして、動機づけをします。それにより、チームはビジョンに向かって自走して、目標に対して最大限のコミットメントをするでしょう。また、目標に向かう手段はチームに任せているため、組織としての柔軟性も高くなります。

権威主義型リーダーシップは、ほとんどのシーンで有効です。とりわけチームが目標を失ったときに効果的です。目標を失ったチームに対して、新しいビジョンを掲げることはチームの活力になるでしょう。

一方で、権威主義型リーダーシップが適していないシーンもあります。リーダーよりも経験豊かなチームメンバーで構成されるチームにおいては、権威主義型リーダーシップは尊大だと捉えられてしまうでしょう。ビジョンを押し付けすぎると、独裁主義にもなりかねません。

親和型リーダーシップ — Affiliative

周囲と同じ目線に立ち、信頼関係を構築するスタイルが、親和型リーダーシップです。チームに対して感情面のニーズを重視して、尊重します。コミュニケーションを多く取ることで、対話も密になり、相互信頼するチームになるでしょう。たとえば、チームメンバーをさらに知ろうとプライベートでも関わり、仕事ではチームメンバーをよく観察して褒めるという行動を取ります。

親和型リーダーシップは、チームに着任したときや意思疎通を改善したいとき、崩れた信頼関係を立て直すケースで有効です。ただし、多用すると対立を避けるリーダー、あるいは単なるいい人になってしまいます。困難な問題に対して、明確な指示を求めているチームには、単なるいい人は要らないでしょう。

民主主義型リーダーシップ ― Democratic

チームの意思決定に、チームメンバーの意見を反映させるスタイルが、民主主義型リーダーシップです。チームとの合意を重視して、広く意見を集めることで、課題を解決します。話を聞いて、同意を得るために時間を費やして、信頼や尊敬を得るのです。

チームメンバーは、自分の意見を述べることで、責任感が高まります。そのため、民主主義型リーダーシップは、決定に対してチーム全員が同意して、コミットメントできるようになるでしょう。

民主主義型リーダーシップは、調査や検証が必要なものに効果があります。すぐに答えを見いだせなくても、情報・意見・アイデアを引き出すことで、答えを見つけます。

このリーダーシップの問題は、議論が長引くことで、意思決定のスピードが低下してしまう点です。危機的状況に適していないのはもちろん、常に民主主義で決定していると、意思決定ができないリーダーになってしまうでしょう。

先導型リーダーシップ ― Pacesetting

自ら高いレベルの手本を示すことで、チームに同様の成果を期待するスタイルが、先導型リーダーシップです。自らが挙げる成果と同様のものをチームに要求し、要求が満たされない状況では、すぐに指摘し改善を指示します。あるいは、別のチームメンバーをアサインしたり、業務を取り上げて自分で行ったりします。

先導型リーダーシップは、期日までに仕事を終わらせるのには適していますが、利用シーンは慎重に選びましょう。リーダーが何でも一人でしてしまうと、チームの成長は止まってしまいます。また、チームは自分たちが信頼されていないと思い込んでしまいます。自分たちのやり方では仕事をさせてもらえないと思い、機械的に仕事をこなすようになるでしょう。そして、リーダーがいないと何もできないチームになるのです。

コーチ型リーダーシップ ― Coaching

リーダーがコーチの役割を担うスタイルが、コーチ型リーダーシップです。成長を促すことで、中長期的な視点での成功を目指します。コーチングスキルを積極的に活用することで、チームメンバーのスキルを高めてキャリア開発をします。それによって、チームとしての成果を最大化していくのです。

積極的に仕事を任せて、仕事が失敗しそうになっても、(長い目でチームメンバーが成長するなら) あえてそのまま失敗させます。チームメンバーは、コーチであるリーダーとの対話をとおして、期待や仕事の目的を理解することで責任感が高まり、コミットメントにつながるのです。

コーチ型リーダーシップは、長期的に見るとチームの成果を最大化する可能性があります。それに対して、短期的な成果を求めるような、混沌とした状況を脱するというシーンには適していません。また、コーチを求めていないチームメンバーには効果が低く、リーダーのコーチングスキルが不足しても同様です。

成長モデルに適したリーダーシップ

6つのリーダーシップスタイルをタックマンモデルに当てはめて考えてみましょう。次に挙げるのは、チームの成長フェーズに対して、どのようなリーダーシップスタイルが適切かを考察したものです。

表3.2.1　**チームのフェーズとリーダーシップスタイル**

チームのフェーズ	リーダーシップスタイル	概要
形成期	権威主義型 親和型	形成期のチームは、権威主義型でビジョンを作り、ゴールのイメージを見えるようにする。親和型でチームとの関係を構築して、チームとしてのスタートを切る。
混乱期	強圧型 先導型 民主主義型 コーチ型	チームが機能しない危機的なシーンでは強圧型、先導型を用いる。チームがうまく機能してきたら、徐々に民主主義型とコーチ型を組み合わせていく。
統一期	コーチ型 権威主義型	チームが安定してくることで、リーダーの牽引が不要になる。コーチ型でチームの成長を促して、権威主義型で目標を目指す。
機能期	民主主義型	チームが機能している状態で、チームは目標達成に向かって自走する。民主主義型でチームが意思決定をしていく。
散会期	権威主義型 民主主義型 強圧型	チームが解散することと、チームメンバーが次に目指すべきビジョンを伝える。チームが学んだことを組織へと還元していくように促す。

フェーズごとに、いくつかのリーダーシップを併用します。さらに、細かいシーンに応じてリーダーシップを使い分けます。それにより、状況に合わせた最適なリーダーシップが発揮され、安定したチームを作れるようになるでしょう。

リーダーでありサーバントである

サーバント・リーダーというリーダーシップ哲学があります。サーバントとは「召使い」のことで、サーバント・リーダーは**奉仕するリーダー**という意味で使われます。

「リーダーでありサーバントである」というのは、一見すると相反しているように感じるでしょう。しかし、リーダーが導くことと、奉仕することは両立できるのです。さらに言えば、リーダーは導くだけでは不十分であり、奉仕することで本来のリーダーシップが発揮されるようになるといいます。

サーバント・リーダーは、自分についてくる人に尽くし、皆に奉仕しようと努めます。皆はサーバント・リーダーを慕い、サーバント・リーダーが描くビジョンに向かって、主体的に行動するようになるのです。

提唱者であるグリーン・リーフは、著書の中でサーバント・リーダーを次のように示しました。

> **サーバント・リーダーとは、そもそもサーバントである。(中略)まず奉仕したい、奉仕することが第一だという自然な感情から始まる。それから、意識的な選択が働き、導きたいと思うようになるのだ。**
>
> 「サーバントリーダーシップ」(Greenleaf, R.K. 金井壽宏監訳・金井真弓訳. 2008. 英治出版. p.53)より引用

奉仕するリーダーといっても、**何も決めないリーダーではありません。**皆に奉仕しながらも、「さあ行くぞ、わたしについてこい」と言って前に踏み出していきます。サーバントであるからこそ、その決定に皆がついてくるのでしょう。サーバント・リーダーは**導くことと奉仕することを両立している**のです。

サーバント・リーダーとして振る舞うのは難しいことです。誰もが奉仕したいという気持ちは持っていることでしょう。しかし、奉仕したい気持ちを認識していない、あるいは奉仕するという行動に移せないのです。サーバント・リーダーとして振る舞うには、次に挙げる10の属性が必要になります。

> **傾聴**(*Listening*)
> **大事な人達の望むことを意図的に聞き出すことに強く関わる。同時に自分の内なる声にも耳を傾け、自分の存在意義をその両面から考えることができる。**
>
> **共感**(*Empathy*)
> **傾聴するためには、相手の立場に立って、何をしてほしいかが共感的にわからなくてはならない。他の人々の気持ちを理解し、共感することができる。**

癒し（*Healing*）
集団や組織を大変革し統合させる大きな力となるのは、人を癒すことを学習する事だ。欠けているもの、傷ついているところを見つけ、全体性（wholeness）を探し求める。

気づき（*Awareness*）
一般的に意識を高めることが大事だが、とくに自分への気づき（self-awareness）がサーバント・リーダーを強化する。自分と自部門を知ること。このことは、倫理観や価値観とも関わる。

説得（*Persuasion*）
職位に付随する権限に依拠することなく、また、服従を強要することなく、他人の人々を説得できる。

概念化（*Conceptualization*）
大きな夢を見る（dream great dreams）能力を育てたいと願う。日常の業務上の目標を超えて、自分の志向をストレッチして広げる。制度に対するビジョナリーな概念をもたらす。

先見力、予見力（*Foresight*）
概念化の力と関わるが、今の状況がもたらす帰結をあらかじめ見ることができなくても、それを見定めようとする。それが見えたときに、はっきりと気づく。過去の教訓、現在の現実、将来のための決定のありそうな帰結を理解できる。

執事役（*Stewardship*）
エンパワーメントの著作でも有名なコンサルタントのピーター・ブロック（Peter Block）の著書の書名で知られているが、執事役とは、大切な物を任せても信頼できると思われるような人を指す。より大きな社会のために、制度を、その人になら信託できること。

人々の成長に関わる（*Commitment to the Growth of people*）
人々には、働き手としての目に見える貢献を超えて、その存在をそのものに内在的価値があると信じる。自分の制度の中のひとりひとりの、そしてみんなの成長に深くコミットできる。

コミュニティづくり（*Building community*）
歴史のなかで、地域のコミュニティから大規模な制度に活動母体が移ったのは最近のことだが、同じ制度の中で仕事をする（奉仕する）人たちの間に、コミュニティを創り出す。

「スピアーズによるサーバント・リーダーの属性｜NPO法人　日本サーバント・リーダーシップ協会」（日本サーバントリーダーシップ協会）https://www.servantleader.jp/about/10s より引用

マネージャーのフォロワーシップ

リーダーシップを発揮する人に対して、後に続き主体性を持って行動する人をフォロワーといいます。優れたフォロワーはリーダーと共に考えて行動し、時にはリーダーに対してフィードバックをするでしょう。このようなスキルを**フォロワーシップ**といいます。

マネジメントにおいて、フォロワーシップが語られる機会はそう多くありません。しかし、フォロワーシップはマネージャーにとっても必要なスキルになります。マネージャーのフォロワーシップは、次に挙げる２つのシーンで発揮されるでしょう。

１つは、チームへのフォロワーシップです。マネージャーは、チームに対するフォロワーでもあります。チームメンバーがリーダーシップを発揮したときこそ、マネージャーはフォロワーシップを発揮しなければなりません。マネージャーが後に続くことで、チームメンバーがリーダーとして活躍して、自走するチームへと成長します。

もう１つは、上司へのフォロワーシップです。上司から見て、マネージャー自身はフォロワーになります。フォロワーは、上司が置かれている立場や状況を理解し、言動の意味をくみとります。上司へのフォロワーシップを発揮することは、組織の成果につながるでしょう。

フォロワーシップは、リーダーシップの単なる対義語ではありません。リーダーシップとフォロワーシップの両方を使いこなすことで、より良いチームと組織を作れるでしょう。

3-3. 良いチームの作り方

チーム作りの話をする前に、チームというものは何かを考えてみましょう。その解に近づくシンプルな例があります。最初に、頭の中でスポーツチームをイメージしてください。野球でも、サッカーでもなんでも構いません。次に、スポーツグループをイメージしてください。さて、スポーツグループは頭に浮かんだでしょうか。ほとんどの方は、スポーツグループをイメージできなかったのではないでしょうか。

チームとグループは、どちらも同じ集団を指す言葉ですが、明確に使い分けられています。チームにあってグループにないもの、それは**共通の目的がある**という点です。スポーツチームは、優勝するなどの明確な目的をもとに「協働する集団」です。スポーツグループは、共通の性質でまとめられた単なる集団を指します。そのため、スポーツグループという集団には、あまりなじみがありません。

ソフトウェア開発においても、チームは目的をもとに組成されます。それどころか、**ソフトウェア開発はチームスポーツである**ともいいます。ソフトウェア開発は、一見すると個人の力に見えるかもしれませんが、チームで行うものです。個人の強みやポジションを知り、相互に連携しなければ、チームは機能しないでしょう。

スポーツチームには、もう1つ欠かせないポジションがあります。それは、監督です。監督は、スポーツチームが成果をあげることに責任を持っています。チームの戦術策定やポジションの最適化、時には結果が出ない選手を解雇するなどシビアな決断もするでしょう。

マネージャーは、スポーツチームにおける監督（あるいは、ゼネラルマネージャー）に似ているかもしれません。マネージャーが作ろうとしているチームも、プロスポーツチームだと考えてみましょう。「プロスポーツチームだなんて大袈裟だ」と思うかもしれませんが、私たちはソフトウェア開発のプロフェッショナルです。プロフェッショナルチームを作ることは、プロスポーツチームと同様に大きな責任と期待が込められているのです。

良いチームとは

共通の目的があることは、チームの前提でしかありません。良いチームを作るためには、良いチームとは何かを知らなければなりません。

良いチームには、どのようなものが必要でしょうか。1つの例として、Google社の研究を参考にしてみましょう。その研究では、「誰がチームのメンバーであるか」よりも、「チームがどのように協力しているか」が重要だといいます。そして、次の5つの因子がチームに影響していると論じました。

1. **心理的安全性** — チームメンバーがリスクを取ることを安全だと感じ、お互いに対して弱い部分もさらけ出すことができる。
2. **相互信頼** — チームメンバー同士が、仕事を高いクオリティで時間内に仕上げてくれると感じている。
3. **構造と明確さ** — チームの役割、計画、目標が明確になっている。
4. **仕事の意味** — チームメンバーは仕事が自分にとって意味があると感じている。
5. **インパクト** — チームメンバーは自分の仕事について、意義があり、良い変化を生むものだと思っている。

「Google re:Work - ガイド:「効果的なチームとは何か」を知る」(Google) https://rework.withgoogle.com/jp/guides/understanding-team-effectiveness/ より引用

5つの因子には、バズワードにもなった心理的安全性もあります。実は、心理的安全性という言葉自体は、1990年代から存在していましたが、前述のGoogle社による研究結果から爆発的に広がりました。結果として、「心理的安全性を高める」という話がひとり歩きしてしまいました。

心理的安全性は、5つの因子の1つでしかなく、心理的安全性を高めるだけで良いチームにはなりません。ひとり歩きする理由は、どこか抽象的な言葉だったからでしょうか。ほかの4つの因子はわかりやすいですが、心理的安全性は少し難しいため補足を入れましょう。

心理的安全性

心理的安全性が高いとは、「対人リスクを取っても安全である」という共通の信念をチームが持っている状態のことです。個人ではなく、チームについての定義になります。

この定義が意味するのは、単にチームの仲が良いとか居心地がいいことではありません。自分の意見を発信して、建設的なフィードバックができ、時には衝突も厭わないことなのです。

心理的安全性が低いチームは、衝突を恐れる傾向があります。「あの人が言ったから口出ししない」「知らないと恥ずかしい」など、誰かの顔色をうかがって衝突を回避します。これが、対人リスクを取らないことです。対人リスクを取らないと何が起きるのでしょうか。答えはシンプルで、何も起きません。海の流れに従うように、チームは流れます。行き着く先が目標という島なのか、あるいは海の底なのかは誰にもわかりません。

心理的安全性の高いチームは、衝突を恐れません。真実を追求して質問をします。たとえ誰かの機嫌が悪くなろうと、相手が上司だろうとチームのために意見します。意見が間違っていてもチームは拒絶せず、意見を言ってくれたことに感謝すらします。時には、厳しいフィードバックもするでしょう。チームのためなら、相手もフィードバックを求めていると信じていて、現に求めているのです。このようなチームは、活発に意見が交わされて、チームの一人ひとりが仕事に対する説明責任を果たすように務めるでしょう。

心理的安全性は上がったり、下がったりします。そう、心理的安全性は常に脅かされているのです。人間のプライドや本能的な防御（あるいは人間らしい側面）が、心理的安全性を下げようと脅かしてきます。たとえば、次のようなものによって心理的安全性は下がってしまうでしょう。

表3.3.1　**心理的安全性を脅かす行動**

このようには見られたくない	取りがちな行動
無知	質問しない
無能	弱みや失敗を認めない
邪魔	アイデアを提案しない
否定的	現状について論評しない

5つの因子

良いチームには、心理的安全性をベースとして、相互信頼・構造と明確さ・仕事の意味・インパクトが求められます。

相互信頼は、Google社のHRTの原則でも表現されています。HRTの原則とは、①謙虚（Humility)、②尊敬（Respect)、③信頼（Trust）という3つの価値を大切にすることです(Fitzpatrick & Collins-Sussman, 2013, p.15)。謙虚に自分を改善し、相手を尊敬して思いやり、信頼して仕事を任せることで、相互信頼するチームになれます。もっとも、相互信頼するチームはすぐに作ることはできません。HRTの文化は、長い時間をかけて醸成しなければならないのです。

構造と明確さ・仕事の意味・インパクトは、目標によって表現されるでしょう。たとえば、[OKR]（5-3＞目標によるマネジメント参照）は5つの因子とうまくマッチしていると考えます。OKRによって、仕事の目的が明確化されて、組織の目標達成に対する個人の貢献が可視化されます。もちろん、OKRでなくてもよいですが、目標などによって構造と明確さ・仕事の意味・インパクトを、チームに理解してもらうことが重要です。

構造と明確さ＋

構造と明確さにおける、チームルールの必要性について少し触れましょう。ルールと聞くと、堅苦しい制約のように感じるかもしれません。しかし、チーム運営をするうえで、チームルールは無くてはならない存在です。その必要性は、次の2点からなります。

第一に、**チームルールはコミュニケーションを簡略化**します。良いコミュニケーションは、意思・感情・思考をスピーディーに、かつ正確に伝達できるものです。チームルールがある場合は、ルールに従うことで不要な会話をなくして、良いコミュニケーションができるようになります。反対に、チームルールがない場合は、双方の認識を合わせるために会話が必要になります。会話は時間を要するため、同じことで何度も会話をするのはナンセンスでしょう。

第二に、**チームルールは自己組織化を促進**します。チームルールがあることで、チームにとって良い行動／悪い行動が明確になり、チームメンバーの自律的な活動をサポートできます。さらに、チームが自らルールを作ることにより、チームルールの中にチームの価値観が現れるでしょう。一見くだらないようなルールがあるかもしれませんが、それもチームが信じる価値であり、ルールを守ることでチームの活動を生産的にします。

チームとして必ず決めておきたいのは、意思決定のルールです。意思決定のルールが決まっていると、決定に至るまでのプロセスを簡略化できます。たとえば、「選択肢が複数あるときはボルダルール*17で投票する」という意思決定のルールを定めたとしましょう。このチームでは、チームメンバーの意見が分かれたときは、議論をとおして選択肢を明らかにして、すぐにボルダルールで投票します。この過程には、「誰が決めるのか」「多数決で決めるのか」というような決定方法に関する議論はありません。これにより、スピーディーな意思決定ができるようになります。

息が合ったチームというのは、暗黙のルールをもとに形成されていることが多いものです。チームルールを明確にしたり作ったりすることで、一段と良いチームになれるでしょう。

仕事の意味+

仕事の意味についても、少し触れましょう。仕事が自分にとって意味があると感じていると、どのような効果があるのでしょうか。これについて、逆転の発想で考えるとわかりやすくなります。仕事が自分にとって意味がないと感じていたら、何を思うでしょうか。おそらく、ほとんどの人はやる気を失います。

---

*17　選択肢の中から良い順に高い点数を投票して、総得点が高い選択肢を採択する方法です。たとえば、1位に3点、2位に2点、3位に1点というような点数をつけます。

人は、仕事をとおして何かを得ようとしているものです。報酬への期待、事業を成功させる、自己成長をするなど人によってさまざまです。仕事の意味というのは、仕事に対する目的意識であり、一人ひとりの価値観になります。

仕事の意味は、仕事をするうえで必要不可欠ですが、意外にも自分自身で認識していない人が多くいます。マネージャーは、チームメンバーに仕事の意味を認識させなければなりません。これは、モチベーションマネジメントの1つといえるでしょう。

ブルームの期待理論によると、モチベーションは、①努力によってどれだけのことを成し遂げられるかという「期待」、②成し遂げたことで何を得るのかという「道具性」、③得るものにどれだけの価値を感じるかという「誘意性」の3つの要因からなるといいます。

3つの要因を用いて、次の式でモチベーションが算出できます。

$$F=E\times I\times V$$

F: モチベーション, E: 期待, I: 道具性, V: 誘意性

仕事の意味は、誘意性に近しいものだと仮定してモチベーションとの関係を見てみましょう。仕事の意味を感じない場合は、誘意性がゼロになります。すると、モチベーションもゼロになってしまうのがわかります。仕事の意味を感じることは、モチベーションマネジメントにおいて重要な要素になっているのです。

人間らしい課題

どのようなチームにも、「チームの課題」があるでしょう。チームの課題は置かれた状況によってさまざまですが、とりわけチームメンバーの行動性向とも関わる「人間らしい課題」は避けられません。

人間らしい課題は、ときとしてチームを機能不全にしてしまいます。Lencioniは、チームにおける5つの機能不全として、「信頼の欠如」「衝突への恐怖」「責任感の不足」「説明責任の回避」「結果への無関心」を挙げました(Lencioni, 2003)。以下にそれぞれの概要を記します。

1. **信頼の欠如** — チーム内で信頼関係が築けていない。チームメンバーに弱みを見せることは避けるなど、相手を警戒している。
2. **衝突への恐怖** — チーム内での衝突を恐れて弊害が生じる。議論を避けて、積極的に発言しない。
3. **責任感の不足** — チームに対する責任感がない。チームの決定を支持しなかったり、チームの決定事項を実行しなかったりする。
4. **説明責任の回避** — チームで言うべきことを言わない。良くない行動や態度についての指摘や、チーム内での物事の進め方などに意見をしない。
5. **結果への無関心** — チームで出すべき結果に無関心。自らを犠牲にしてチームの結果に貢献しようという姿勢はなく、チームの目標達成に無関心で自己中心的な態度をとる。

5つの機能不全は相互に関係しています。どれか1つでも脆い部分があると、チームは機能不全に陥ってしまうでしょう。

信頼が欠如すると、衝突への恐怖を生み出します。健全な衝突がないと、責任感が不足します。責任感がないと、説明責任を回避するでしょう。互いの説明責任を追及しないと、結果への無関心が起きるのです。

機能不全の要因がわかっても、機能するチームを作るのは難しいものです。機能不全に対処するには、人間らしい課題に向き合い続けなければなりません。マネージャーは、率先して弱みを見せて信頼関係を築き、チーム内の議論を活発にして見守ります。チームで決めたことは必ず実行し、それぞれの責任を追及するように促します。そして、何よりも結果を重視することで、模範となる行動を示しましょう。

人間らしい課題は、一見すると個人の責任のようですが、チームが機能不全になっているのは、マネージャーの責任でもあります。人間らしい課題に向き合うことは、マネージャーとしての責務になるでしょう。

3-4. 別れと向き合う

マネージャーは、チームメンバーが退職することを経験します。退職は、

組織の新陳代謝であり、組織における自然の摂理になりますが、自責の念に駆られるマネージャーも多いでしょう。

退職の背景には、マネージャーに原因があったのかもしれません。しかし、マネージャー以外にも原因はあるでしょう。退職というのは、マネージャーも含めた組織全体で向き合うべき課題になります。マネージャーは、退職に肩を落としているのではなく、退職と向き合わなければなりません。

日本における離職率は、一般的に十数％[＊18]となっています。これは、10人のチームで年間１人が退職する計算です。主な退職理由には、次のようなものがあります[＊19]。

- やりがい・達成感がない
- 給与が低かった
- 企業の将来性に不安を感じた
- 人間関係が悪かった
- 評価・人事制度に不満があった
- 拘束時間が長かった
- 自分の成長が止まった・成長感がない

退職に対して、マネージャーが後手後手で対処しても手遅れです。退職は、じわりじわりと忍び寄り、気づけばチームメンバーの心を奪ってしまいます。そして、ある日突然チームメンバーに呼び出されて、退職の話を切り出されます。ここまでくると、チームメンバーの気持ちを取り戻すのは難しいでしょう。そうならないためにも、日常的にチームメンバーの観察を行い、課題を解決していかなければなりません。

退職コストを知る

退職コストを普段はあまり考えることがないかもしれません。あるいは、

＊18　出典：厚生労働省.（2020）. 令和２年雇用動向調査結果. https://www.mhlw.go.jp/toukei/itiran/roudou/koyou/doukou/21-2/index.html

＊19　出典：エン・ジャパン株式会社.（2019）. 1万人が回答！「退職のきっかけ」実態調査 ―『エン転職』ユーザーアンケート―. https://corp.en-japan.com/newsrelease/2019/19432.html

コストという考え方が価値観にそぐわない方もいるでしょう。とはいえ、マネージャーは退職コストを理解していなければなりません。

退職コストは、採用コストと育成コストから算出可能です。採用コストは、人材の採用にかけたコストのことで、人材エージェントなどへの報酬（採用者の年収に対して数割）や、採用に関する広告や部門の人件費などを含みます。育成コストは、人材の育成にかけたコストのことで、教育研修費用や一人前になるまでに要するオンボーディングコストなどがあります。退職コストと退職率を計算すると、年間でどのくらいのコストを要したのかわかるでしょう。

退職は、チームにも大きな影響をもたらします。一緒に仕事をしていた仲間が、ある日突然いなくなる衝撃は大きいものです。たとえ退職者の分の人材採用をしても、チームに新メンバーが入ることで、別のチームへと生まれ変わることになるでしょう。新メンバーには、チームの慣習やルールなどを1から教える必要があります。

新メンバーが入ることで、チームの生産性が一時的に下がることは避けられません。したがって、退職コストにプラスして、チームの育成コストも発生することになります。試しに、自身の退職コストを計算してみてください。退職コストの重みを理解できたでしょうか。

バス係数を高める

あなたのチームは、何人のチームメンバーがいなくなると、プロジェクトが継続不可能になるでしょうか。1人でアウトという状況であれば、非常にリスクが高い状況です。この場合、バス係数は1になります。これが、2人でアウトならバス係数は2になります。

バス係数とは、チームの可用性を表した係数であり、高いほどよいものです。名前の由来は、チームの誰かがバスに轢かれたらという物騒な例え話からきています。

バス係数が1の場合、システムでいう単一障害点があるのと同じです。チームの単一障害点は、意外にも多く存在します。たとえば、チームで唯一のスキルを持った人や、特定の役割を任せられている人が単一障害点になるでしょう。バス係数を高めるには、1人で仕事をさせないようにする、情報をドキュメント化することなどが挙げられます。

バス係数には、マネージャー自身も数えられます。マネージャーが退職しても、短期的な影響はないかもしれません。しかし、長期的には影響が出てくるでしょう。マネージャーも含めたバス係数を高めるためには、マネージャーがいなくても成果があがるチームを目指すことです。チームが自らをマネジメントする組織は、いわゆる自己組織化したチームになるでしょう。

3-5. 良いチームが価値を生むとは限らない

ここまでに、どのようなチームが良いチームなのか述べてきました。ところで、良いチームができれば、プロダクトの価値は高まるのでしょうか。その答えはイエスであり、ノーでもあります。

顧客価値の視点から見ると、チームはバリューチェーンの一部でしかありません。そのため、良いチームを作れば終わりではないのです。マネージャーは、バリューチェーンにおけるエンジニアリングやプロダクトの課題を解決しなければなりません。

図3.5.1 **バリューチェーン**

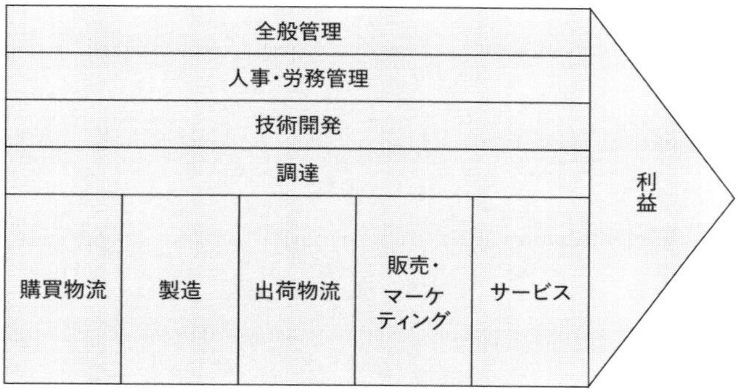

制約理論[*20]によると、どのような組織も一部の要素または因子によって、パフォーマンスが制限されるといいます。そのため、1つのチームが良いチームになったとしても、別のチームによってパフォーマンスを制限されることがあるでしょう。

プロダクトが大きくなるほど、バリューチェーンに関わる組織は多くなってしまいます。したがって、1つのチームができることも限られてしまうのです。

マネージャーの役割は、投入した資源の総和よりも大きなものを生み出す生産体を創造することです(Drucker, 2001, p.128)。組織を部分最適化するのではなく、全体最適化する視点を持たなければなりません。

マネージャーは価値を生むのか

残念なことに、マネージャーの職務を雑用と表現する人がいます。これは、チーム運営に関わる仕事を雑用と表現しているだけなのかもしれません。あるいは、マネージャーの職務を遂行できていないだけかもしれません。

どちらにしろ、本来のマネージャーの役割を誤認しています。

マネージャーは雑用をする人ではありません。チームとチームメンバーの成長や、組織の成果をあげるために仕事をします。そのため、マネージャーが雑用することは最適な選択ではありません。雑用は、委譲や自動化をして避けるべき業務であり、マネージャーは本来やるべき業務に集中しなければならないのです。

マネージャーは不要 ≠ マネジメントは不要

マネージャーは、チームの一員ではありません。これは、チームビルディングに注力するマネージャーの存在を否定しかねないものです。チームの一員として、チームを作ってきたのに、チームの一員ではなかったと言

＊20 制約理論とは、「どんなシステムであれ、常に、ごく少数の要素または因子によって、そのパフォーマンスが制限されている」という仮定から出発した、包括的な経営改善の哲学であり手法です（日本TOC協会）。ここでいうシステムは、工場や会社、部門、団体、行政機関といった組織やサプライチェーン、コミュニティなどを指します。

われても、受け入れ難いでしょう。しかし、良いチームにおいて、マネージャーはチームの外にいなければなりません。マネージャーが、リーダーシップを発揮しなければならないチームは、良いチームとはいえません。

では、マネージャーは必要ないのでしょうか。このテーマについて、Google社が2001年に興味深い実験を行いました。「脱組織化」と名付けた体制を作り、すべてのマネージャーを廃止して管理職のいない組織にしたのです。しかし、従業員は意思決定やコーチングしてくれる人を求めたため、1年ほどでマネージャーを再配置することになりました。

その後、優れたマネージャーの要件を特定するために、逆説的に、「マネージャーは重要でない」ことを証明しようとしました。業績評価と従業員アンケートからのフィードバックをもとに調査をしたところ、有能なマネージャーがいるチームは、ほかのチームに比べて満足度も生産性も高いことが明らかになったのです。

以上の研究から、Google社においてマネージャーは必要だという結論に至っています。そして、優れているマネージャーを特徴付ける10の行動様式を導き出しました。

1. 良いコーチである
2. チームに任せ、細かく管理しない
3. チームの仕事面の成果だけではなく、健康を含めた充足に配慮し、インクルーシブ（包括的）な環境を作る
4. 生産性が高く結果を重視する
5. 効果的なコミュニケーションをする - 人の話をよく聞き、情報を共有する
6. キャリア開発についてサポートし、パフォーマンスについて話し合う
7. 明確なビジョンや戦略を持ち、チームと共有する
8. チームにアドバイスできる専門知識がある
9. 部門の枠を越えてコラボレーションを行う
10. 決断力がある

「Google re:Work - ガイド: 優れたマネージャーの要件を特定する」(Google) https://rework.withgoogle.com/jp/guides/managers-identify-what-makes-a-great-manager#introduction より引用

このような、高い業績や成果につながる行動様式や特性のことを**コンピ**

テンシーといいます。コンピテンシーの定義は、「**ある職務または状況に対し、基準に照らして効果的、あるいは卓越した業績を生む原因として関わっている個人の根源的特性**」とされています(Spencer, 2011, p.11)。根源的特性とは、さまざまな状況を乗り越えて、かなりの長期間にわたり、一貫性を持って示される行動や思考の方法です。

コンピテンシーは企業や職務により異なりますが、コンピテンシーをモデル化することで、人事評価などにも利用されています。Google社の事例が、自社のマネージャーにとって必ずしも有用とは限りませんが、1つの参考にはなるでしょう。周りにいる優秀なマネージャーからコンピテンシーを抽出することで、自分に足りていない行動が見えてくるかもしれません。

一方で、組織によっては「マネージャーは不要」というケースもあります。たとえば、5名のスタートアップにおいて、マネージャーは不要でしょう。しかし、この組織においてもマネジメントは必要です。マネージャーという職務がない組織でも、誰かがマネジメントをしていることには変わりありません。

マネージャーも目標も要らないチーム

ここまでに、マネージャーの必要性を説いてきましたが、「マネージャーも目標も不要になる」という話をしましょう。本項では、少し視点を変えて外を眺めてみます。

外には多くの集団が溢れています。蟻の群れ、鳥の群れ、魚の群れ、見渡せばいくつもの集団に遭遇しています。自然界における生物の集団が、目標を持って行動しているか定かではありませんが、リーダーはいるにしろマネージャーは存在していません。マネージャーという役割は、人間の組織特有の奇異な存在で、自然界の集団には不要な存在だと考えられます。

高度に組織化されているといわれる、ハキリアリの集団を観察してみましょう。ハキリアリとは、中南米の熱帯雨林に生息しており名前のとおり「葉を切るアリ」です。ハキリアリにはいくつかの役割が存在していて、女王アリ・兵隊アリ・働きアリ・警備アリ・農耕アリといったものが挙げられます。もちろん、ハキリアリの役割には、マネージャーアリなんてものは存在しません。

図3.5.2　**切断した葉を運ぶハキリアリの集団（写真提供：KAZ850/PIXTA）**

ハキリアリの集団は、各役割が高度に連携をしています。一匹の蟻を見ればランダムな行動をしていますが、集団としては秩序ある組織を作り出しているのです。このように、ランダムから秩序へ自ら組み上がっていく現象を**自己組織化**といいます。ハキリアリの集団は、まさに**自己組織化した組織**だといえるでしょう。自己組織化した組織は、個々の自律的な行動が全体として秩序ある組織になり、組織が自走するようになるのです。

話をマネージャーに戻して、「マネージャーが不要になる」ことを考えてみましょう。自己組織化した組織において、マネージャーは不要かもしれません。実際にマネージャーがいない組織も存在します。だとすると、課題解決における1つのアプローチとして、マネージャーという役割があると考えるのがよいでしょう。したがって、「マネージャーが不要になる」こともあり得ます。

次に、「目標は不要になる」ことについては、どうでしょうか。ハキリアリの組織にも、目的というものは存在しています。しかし、目標は存在しないでしょう。目標がなくても、目的を達成できているからです。人間にも、目標はないほうがよいという見解もあります。目標設定をしないことで、生産性が向上したという話がいい例でしょう（DeMarco & Lister, 2013, p.31）。その研究によると、マネージャーがプロジェクトチームの目標設定をした場合と、目標がない場合を比べると、目標のないほうが約2倍の生産性を上げたといいます。組織によっては、「目標は不要になる」ことがあるかもしれません。

良いチームが、プロダクトの価値を高めることは約束できませんが、悪いチームよりはよっぽどよいでしょう。自己組織化した組織になると、マネージャーが良いチームを考える必要がなくなるかもしれません。マネージャーは、適切に権限を委譲して、チームの自己組織化をサポートしていきましょう。

第4章
組織のマネジメント

チームというものは、組織の一部でしかありません。マネージャーは、組織にある複数の部門と関わりながら仕事をします。そのため、自分のチームだけではなく、組織全体を深く理解しなければなりません。
本章では、組織とは何かを紐解くことで、組織とマネージャーの関わりを明らかにします。

第4章で学ぶこと

- 組織の基本型とその特性
- 組織にヒエラルキーが作られる理由
- 組織とシステムの関係性
- 分業と社内政治とは何か
- ステークホルダーとの関わり方

4-1. 組織構造は語る

組織という言葉の意味は広く、さまざまな用途で使われます。本章では、経営学における定義をもとに組織を考えます。
組織は誰にとっても身近なものであり、我々が属している企業も組織になります。企業とは、営利の目的で継続的・計画的に、同種の経済行為をする組織体です。
企業のほかにも政治団体やスポーツチームなど、世の中には数えきれないほどの組織が存在しますが、どのような組織にも共通する構成要素があります。それが**組織の3要素**です(Barnard, 1968, pp.85-95)。

1. **協働意欲** — お互いに協力する意思を持っている。
2. **目的** — 共通の目的がある。
3. **伝達** — 円滑なコミュニケーションが取れる。

組織の3要素は、企業のような大きな組織はもちろん、チームという小さな組織にも必要な要素になります。

組織の基本型

組織の戦略を、端的に表したものとして、組織構造（組織図）があります。組織構造には、基本型が存在しています。組織構造の基本型は、**機能別組織・事業部制組織・マトリクス組織**の3つです（沼上, 2004, pp.25-34）。

機能別組織

機能によって組織を分割したのが、**機能別組織**[*21]です。もっとも単純な組織形態であり、小規模組織から大規模組織まで幅広く利用されます。

機能別組織は、機能ごとの組織が相互に連携することでプロダクトを作り出します。たとえば、マーケティング部門のデータをもとに、技術部門がプロダクトを開発し、営業部門が販売するというプロセスになるでしょう。

図4.1.1　**機能別組織**

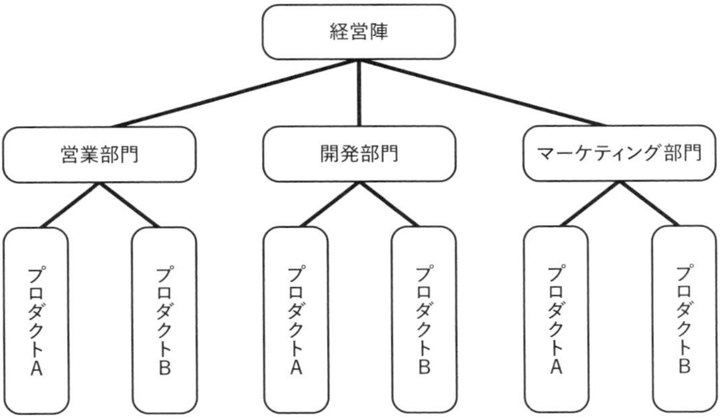

＊21　職能制組織とも呼ばれます。

事業部制組織

自律的に存続できる単位で分割した組織を、**事業部制組織**といいます。事業部は、プロダクトやマーケット、ロケーションなど多様な切り口で分割されます。分割した1つで「小さな企業」といえるほどに、組織的な機能を有しているのが特徴です。事業部制組織が大規模になると、カンパニー制と呼ばれることもあります。

［図4.1.2 事業部制組織］は、プロダクトで分割した例です。この例では、1つのプロダクトにおけるすべてのプロセスを、1つの事業部で行います。

図4.1.2　事業部制組織

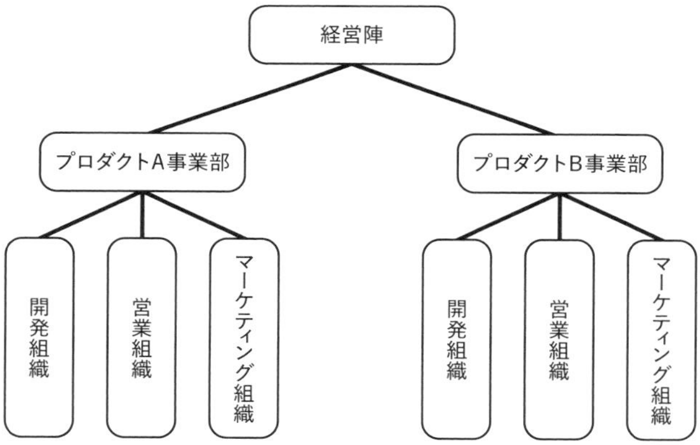

マトリクス組織

組織分割する軸を複数にしたものが、**マトリクス組織**です。行列から構成され、行列それぞれの特性を有します。行列の交点には2人の管理者がいるため、ツーボス・システム（two-boss system）ともいわれます。

図4.1.3 **マトリクス組織**

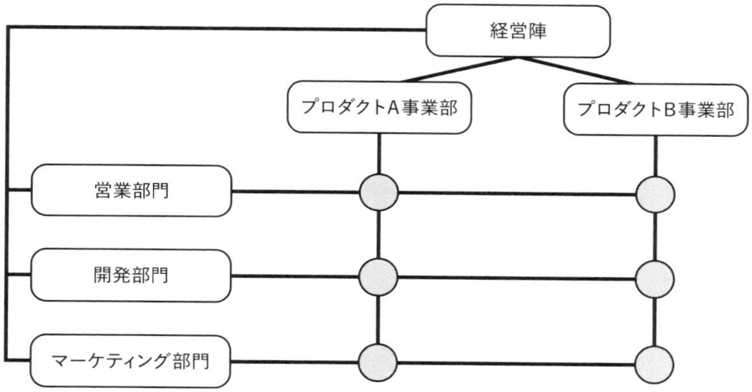

典型的な例は、機能別組織と事業部制組織がマトリクス状に連携する形態です。マトリクス組織には、ほかにもさまざまな形態が存在します。代表的なものは次の3つです。

- **プロジェクト型組織** — 軸の1つにプロジェクトを用いて、プロジェクトマネージャーがプロジェクトの責任を持つ。プロジェクトを確実に推し進めるのに適する。通常、プロジェクトが終了すると組織は解散する。
- **プロダクト型組織** — 軸の1つにプロダクトを用いて、プロダクトマネージャーがプロダクトの責任を持つ。ブランディングやマーケティングから開発に至るまで、一貫したプロダクト開発を可能にする。
- **ユニット型組織** — 事業部を小さなビジネスユニットに解体して、小さな事業部を作る。ビジネスユニットで、プロダクトの意思決定をするため、不確実なマーケットに対してもプロダクトを適応しやすい。

組織構造の特性

組織構造の選択は、機能とマーケットのどちらを競争上最重要視するのか選択することにもなるでしょう。

機能別組織は、研究開発や営業などの機能の共有を重視します。たとえば、開発部門はいくつかのプロダクトを開発しながらエンジニアや技術、システムを共有します。これにより、コストダウンや付加価値向上、さらには新技術導入や技術革新を起こすなどして、機能への適応能力が高くなるでしょう。

対して事業部制組織は、マーケットへの適応を重視します。組織のメンバーは、担当するプロダクトを深く理解し、マーケットにおける競争に注意を向けます。マーケットに変化が起きた際は、柔軟かつ迅速に対応ができるため、マーケットへの適応能力が高くなるのです。

図4.1.4　組織構造とマーケットのバランス

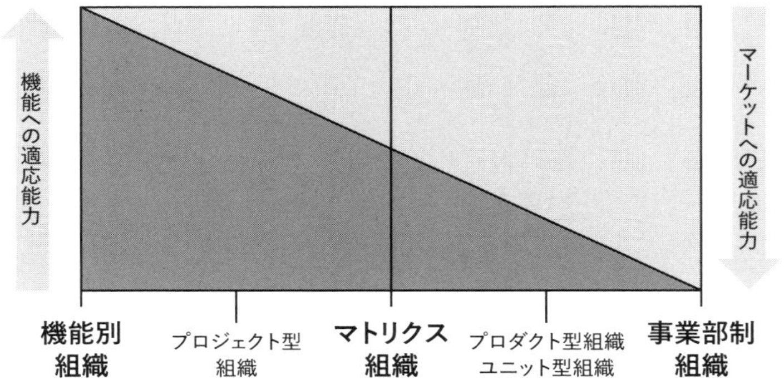

組織を設計するときは、機能別組織で機能への適応能力を取るか、事業部制組織でマーケットへの適応能力を取るか、あるいはマトリクス組織でバランスを取るのかを判断します。組織構造は、どれが良い悪いと一概に比較できないので、組織に合わせた設計をしなければなりません。

組織構造の特徴をまとめると、[表4.1.1 組織構造の特徴]のようになります。単に特徴だけを見ると、マトリクス組織を選択しがちですが、それは浅慮遠望です。マトリクス組織は、行と列でそれぞれの指揮系統を持つことで、意思決定者が複数人になり対立や混乱が起きやすくなります。対立を解消できるマネジメントができないことには、運用は難しいでしょう。

たとえば、Spotifyモデルのようなマトリクス組織は理想的かもしれませんが、組織運営を行うには多くの課題があったようです*22。

表4.1.1 組織構造の特徴

	特徴
機能別組織	●機能の知識が共有される。 ●技術などの研究が促進される。 ●機能集約によるコストダウンができる。
事業部制組織	●マーケットに合わせて、柔軟かつ迅速に対応できる。 ●事業部が自律的に存続できる。 ●経営者の後継育成ができる。
マトリクス組織	●機能別組織と事業部制組織のバランスを取れる。 ●機能別組織の部門と事業部制組織の部門の意見が異なる場合、対立が表出する。対立は組織に混乱を生み出すこともあるが、どちらを優先するか状況に合わせて意思決定ができるというメリットがある。

アジャイル開発が主流になってきたことで、ビジネスユニットを組成する企業も増えてきました。だからといって、流行りの組織構造に踊らされてはなりません。マネージャーは組織の状況に適した組織構造を、模索し続けなければならないのです。

組織構造に従うな

組織の中間形態

ここまでに、組織の基本型を紹介しましたが、基本型に忠実な組織は存在していないでしょう。基本型をもとにして、組織ごとのアレンジを加えるのが通常です。一部を事業部制組織にしたり、一部をマトリクス組織にしたりと、組織の置かれている状況によりあらゆる形に変化します。たとえば、事業部とは別に経営直属の研究開発部や営業本部を置く例があります。これらは、基本型から逸脱しているのではなく、組織の戦略を実現するために設計されているのです。基本型を組み合わせて応用することで、初めて自社に適した組織構造を作れるでしょう。

*22 出典：Lee, J. (2020). Failed#SquadGoals. https://www.jeremiahlee.com/posts/failed-squad-goals/

　また、組織構造は職務や職能、機能などの**相互依存関係をグルーピングするという原則**があります（沼上, 2004, pp.188-198）。競争上最重要視するものを上位でグルーピングして、下位は次点に重要なものでグルーピングをします。事業部制組織を例にすると、上位を事業でグルーピングして、下位を機能でグルーピング、さらに下位を職務でグルーピングできるのです。したがって、事業部制組織だからといっても、下位組織のすべてが事業でグルーピングされているわけではありません。事業部制組織や機能別組織の下位組織に、プロダクト型組織と機能別組織を作ることも可能です。

　エンジニアリングにおいても、チームの基本型はいくつかありますが、それらも相互依存関係をグルーピングすることです。エンジニアリングでも何を重要視するかによって、選ぶ型が決まってくるでしょう。エンジニアリングチームの設計は、［5-4. 組織デザイン］で確認します。

例外マネジメントとしてのヒエラルキー

　機能別組織、事業部制組織、マトリクス組織という組織構造には、大なり小なりヒエラルキーが存在するでしょう。大きなヒエラルキーが生まれると、ヒエラルキー組織と揶揄されます。小さなヒエラルキーになるにつれ、フラット組織と呼ばれることになります。

　ヒエラルキーと聞くと、ネガティブなイメージが浮かぶかもしません。上下関係や官僚的な組織を彷彿とさせるからでしょうか。人々は、フラットな組織を支持しますが、実際にヒエラルキーが存在しない組織は極わずかです。

　なぜ、どの組織にもヒエラルキーが存在するのでしょうか。それは、ヒエラルキーが、組織において非常に大事な役割を担っているからにほかなりません。その役割の1つが、**組織の例外処理**です[＊23]。不確実なマーケットと、不確実な人間を扱う組織には、標準プロセスでは処理できない例外（**例外案件**）が必ず発生します。例外案件をキャッチして、適切に対処するための仕組みがヒエラルキーです。例外案件のマネジメントは、**例外マネジメント**と呼ばれます。

＊23　例外処理のほかに、キャリアパスや報酬の管理、育成のステップなどの役割も担います。

図4.1.5　**例外マネジメント**

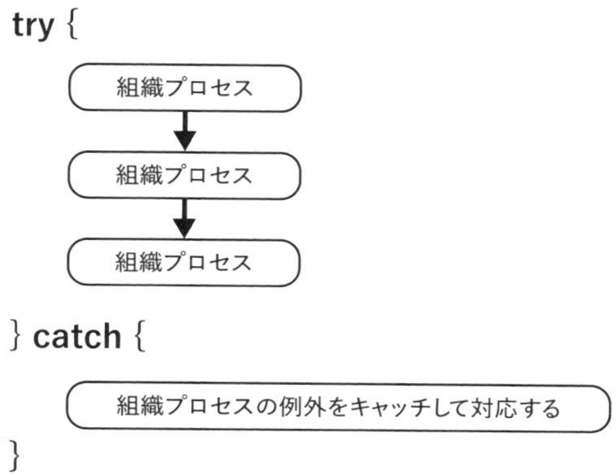

例外案件は、チームの標準プロセスでは対処ができないため、チーム外の人とコミュニケーションを必要とします。例外案件が発生した際に、都度コミュニケーションをとることは、人数が少ない組織ではなんら問題ないでしょう。しかし、組織の人数が増えるにつれて、コミュニケーション量は指数関数的に増えてしまいます。したがって、フラット組織でも人数が増えるとヒエラルキーを導入せざる得ません。

ヒエラルキーは、コミュニケーションチャネルの最適化と経路の固定化を行い、無駄なコミュニケーションを減らせるツールになるのです。

図4.1.6　**例外案件発生時のコミュニケーションチャネル**

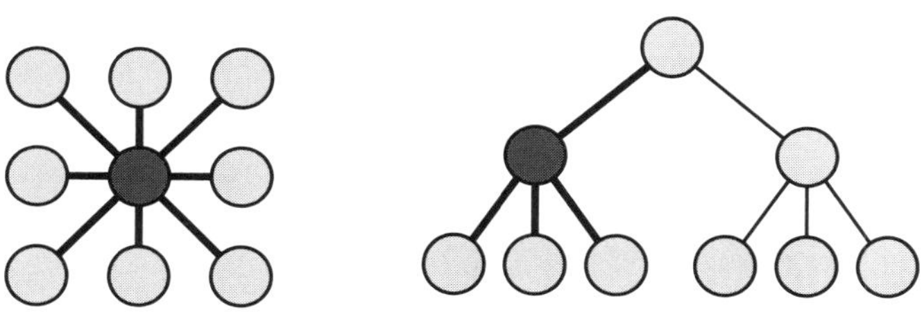

フラットでは組織人数に応じて
コミュニケーションが発生する

ヒエラルキーではコミュニケーションを
少なくできる

図4.1.7　**コミュニケーションチャネル量**

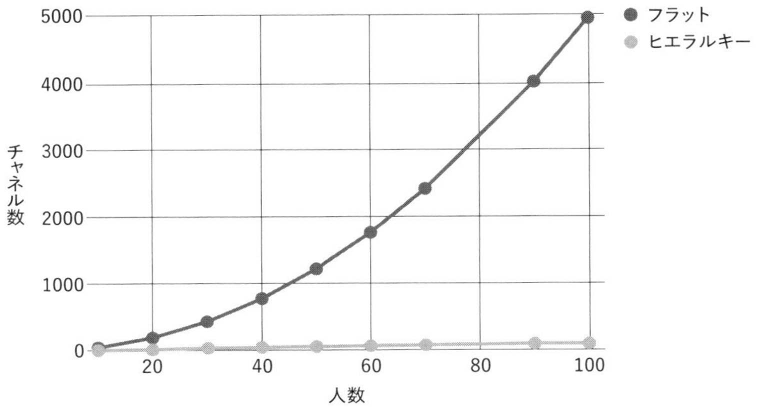

一方で、ヒエラルキーの発達が、望ましくないのは事実です。ヒエラルキーは、組織人数により階層数がある程度決まり、大規模組織ほどヒエラルキーが巨大になります。ヒエラルキーが発達しすぎると、すべてのプロセスがヒエラルキーに依存して、意思決定の遅れなどを招いてしまうでしょう。それを防ぐためには、単純なヒエラルキーを構築することが望ましいです。

できる限りフラットな組織を作るには、ヒエラルキーによる例外マネジメントの範囲を広げるとよいでしょう。例外を予測して発生数を減らすことや、マネージャーの作業を別のスタッフが請け負うなどすることで、例外に割けるリソース（時間などの経営資源）と例外マネジメントの範囲は増えます。とはいえ、例外マネジメントの範囲が、無限に広がるわけではありません。組織と人の成熟度に合わせて、組織構造の調整もしなければならないでしょう。

例外案件の発生は、チームの中はもちろんですが、チームとチームが関わる組織の隙間でも多く発生します。これは、多くの人がコミュニケーションを交わすような不確実性が高いものほど、例外案件の発生確率が高いためです。組織の隙間は見過ごしがちになりますが、組織の隙間に対してこそ、例外マネジメントが求められるのです。

組織構造は目に見えない

組織構造を表現したものとして、組織図を用いる機会は多くありますが、組織構造の実態を忠実に表現している組織図は実在していません。組織図からは、フォーマルな組織構造しかわからないのです。部署間の関連や権限、人のネットワークなど、反映されていない情報が数多くあるでしょう。インフォーマルな組織構造こそが、組織の実態になります。

組織の実態を表現する手法として、オーガニグラフがあります(Mintzberg, 1999, pp.87-95)。オーガニグラフは、多様な組織のあり方を反映した「組織の地図」のようなものです。そこには、ヒト・モノ・情報の相互関係が表されます。

例として、典型的なEコマース企業のオーガニグラフを見てみましょう。今まで目にしてきた組織図とは、まったく別のものに見えます。オーガニグラフを用いることで、組織の実態をイメージできるのではないでしょうか。

図4.1.8 **オーガニグラフの例**

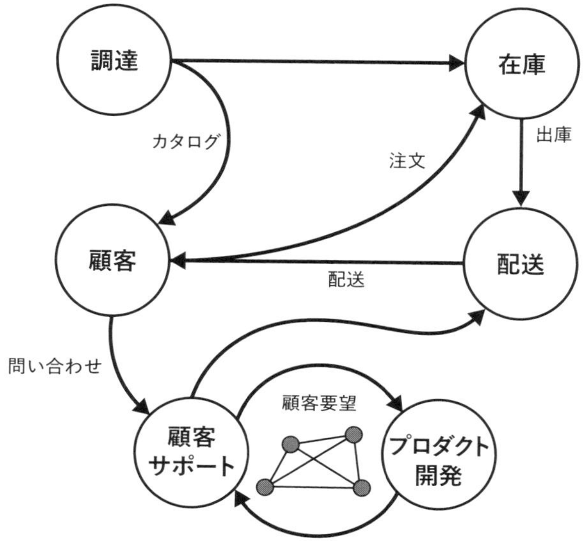

組織構造は固定的なものでなく、流動的です。組織構造に、常に従っている必要もないでしょう。組織構造に従わないといっても、組織に反逆するわけではありません。この意図は、次の3つからなります。

第一に、組織構造は直接的に価値を生み出しません。フォーマルな組織構造がすべてではなく、オーガニグラフが示すようなインフォーマルな組織構造こそが価値を生み出します。プロダクトと組織に価値あることは、組織構造を飛び越えてでも行うべきでしょう。

第二に、提供された組織構造がいつも正しいとは限りません。組織構造には、表出されないモノや情報が無数にあります。それらが、組織構造とズレている場合に、頻繁に衝突が発生するでしょう。マネージャーは、本来あるべき組織構造へと正さなければなりません。

第三に、マネージャーは組織構造を作ります。組織構造を設計しても、チームを組織構造に閉じ込めないでください。組織構造に閉じ込められたチームは、活動範囲が狭くなってしまい主体性を失いがちです。マネージャーは、組織構造を逸脱する模範として、行動しなければなりません。

組織構造が語らないものはありますが、組織の実態には多くの人や情報が存在します。マネージャーに必要なのは、組織構造の枠を越えて組織の実態を把握し、組織にとって価値のある行動をすることです。

4-2. 組織とシステム

エンジニアが作り出すシステムは、組織と深く関係しています。広義におけるシステムは、「個々の要素が有機的に組み合わされた、まとまりをもつ全体」であり、組織を包含します。人々が有機的につながるための仕組みや制度、すなわちシステムこそが組織なのです。

組織とシステム——それぞれの関係をどう考えるべきか、考察していきます。

組織構造とシステムの関係

「**組織は戦略に従う**」と、経営史学者アルフレッド・チャンドラーは提言しました。後に、経営学者イゴール・アンゾフが「**戦略は組織に従う**」と考えました。どちらかが正しいのではありません。どちらも事実であり、組織は戦略と深い関係があります。

さらにもう1つ、メルヴィン・コンウェイの言葉を足してみましょう。「**システムを設計する組織は、その構造をそっくりまねた構造の設計を生み出してしまう**」。これは、**コンウェイの法則**として知られている法則です。チャンドラー、アンゾフ、コンウェイの考えをつなぎ合わせると、組織は戦略に、戦略は組織に従います。そして、システムは組織を映す鏡となります。

図4.2.1　組織・戦略・システムの関係

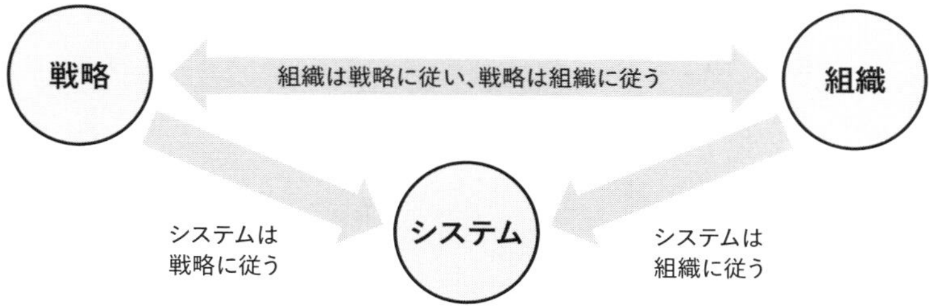

エンジニアリングマネージャーは、単にシステムを開発するチームのマネジメントをするのではなく、組織と戦略、そしてシステムを設計しなければなりません。

システムと組織構造の関係を表す1つの例として、SoEとSoRがあります。SoEとはSystem of Engagement、SoRとはSystem of Recordの略で、前者は「顧客とのつながり」を、後者は「記録する」ことを重視したシステムです。SoEは、toCサービスなどの変化の激しいマーケットを相手にします。SoRは、基幹システムなどに安定した稼働を提供します。

SoEに適した組織構造を考えると、プロダクト型組織やユニット型組織を作り、マーケットへの適応能力を高めることは良い選択です。対して、SoRではマーケットへの適応能力をあまり必要としません。それよりも、専門領域に特化した組織を作り、安定した技術を提供するなどして、機能への適応能力を高めるほうがよいでしょう。このように、システムと組織構造は関係していることがわかります。

意外かもしれませんが、組織作りにおいて「エンジニアとしての知識」が役に立ちます。なぜなら、システムの観点から組織を眺めると、いくつもの共通項が見つかるからです。「組織設計はシステム設計と同じ」ともいうように、ソフトウェア開発における原則や法則などは、心強い武器になるでしょう。

組織をソフトウェアにたとえる

システム設計では、責務によってコンポーネントを分割します。分割したコンポーネントの境界にインタフェースを定義して、コンポーネントを統合・動作させることにより、1つの機能やサービスとしての振る舞いができるでしょう。

組織の設計にも同様の考えがあります。組織を設計することは、組織全体の責務をチーム単位に分割して、委譲することになります。組織の分割をソフトウェア設計で言い換えると、次のようになるでしょう。

- **コンポーネントの分割** — チームの分割。関心の分離。
- **コンポーネントの責務** — チームの責務。単一責任の原則。
- **インタフェースの定義** — 会議体、連絡方法の定義。

コンポーネントを分割するように組織の設計を進めたら、ソフトウェアと同様にリリースが必要です。組織のリリースとは、組織の設計を実際の組織に適用することです。ここでも、ソフトウェアと同様の考え方ができます。たとえば、組織の設計を「デプロイメントをするまでにはどのような確認が必要なのか」、「デプロイメントによって障害が発生したらどう対応するか」を考えてみてください。ソフトウェアと同様に、組織の設計をピアレビューしたり、障害が発生したらロールバック（元の組織に戻す）

したりできます。

組織とソフトウェアについて、Amazon.com社の話を例にしてさらに考察しましょう。同社は、2002年頃からマイクロサービス化へと舵を切り、すべてのチームがインタフェースを通じてデータや機能を公開して、相互に通信するという方針を打ち出しました。その上で、ほかのプロセス間通信は一切認めないことにしました。

The Bezos Mandate（API Mandate）とも呼ばれるこの方針は、一見するとソフトウェアの方針に見えます。これを組織の観点から解釈してみましょう。チーム間はインタフェースを介す機会が増えるため、コミュニケーションパスが統一されていきます。インタフェースによってチームが連携することで、疎結合で高凝集なチームになっていったと考えられるでしょう。

ここまでに例示したもののほかにも、組織とソフトウェアには類似することがいくつも挙がります。組織とソフトウェアが同じならば、エンジニアリングマネージャーはすでに多くの経験を積んでいます。この経験を活かすことで、組織のマネジメントでも高い成果をあげられるでしょう。

組織のデバッグ

ソフトウェアにバグがあるように、組織にもバグが存在します。組織におけるバグのほとんどは、人と人とのコミュニケーションによって発生します。勘違いや思い込みなどの些細なことが原因となり、個人対個人の争いやチーム同士の衝突のように組織のバグとして表出するのです。

ソフトウェアでは、バグを解消するためにデバッグをするでしょう。デバッグには、①エラーメッセージを正しく読む、②エラー原因の仮説を立てる、③仮説検証する、④バグを修正するというステップがあります。デバッグをすることで、バグの原因を見つけて対処ができます。

組織のバグも、ソフトウェアと同様にデバッグができるのです。例を挙げて考えてみましょう。たとえば、「Aさんが自分にだけ批判的な対応をしてくるから、一緒に働きたくない」という相談を、Bさんから受けたとします。コミュニケーションの不具合、いわゆるバグによってアラートが発報された状態です。このバグをデバッグしてみます。

①エラーメッセージを正しく読みます。エラーメッセージというは、要するにファクトのことです。「批判的な対応」という抽象的な言葉を、「何を言った」というような具体的な行動に変換します。Bさんに詳細を確認したところ、「技術の提案をしたときに、Aさんが強い口調で反対意見を言う」ことがわかったとしましょう。

②エラー原因の仮説を立てます。「技術の提案をしたときに、Aさんが強い口調で反対意見を言う」というエラーメッセージから仮説を立てましょう。Aさんは、技術に対して譲れない考えがあるのでしょうか。あるいは、Bさんに対する個人的な恨みがあるのでしょうか。技術の話以外では反対意見を言わないとすると、技術の提案内容に対して納得できないという仮説が立てられます。

③仮説検証をします。いくつかの仮説ができたら検証をしましょう。Aさんに直接聞いたり、反対意見を深堀りして真意を確認したり、マネージャーが実際の現場を視察するなどできます。検証の結果「Aさんは技術の方針に納得していなかったこと」、「技術の方針に納得できないと誰にでも批判的な対応をしていたこと」が確認できたとしましょう。

④バグを修正します。バグの原因は、Aさんの「反対意見の言い方が強い口調」だったことです。それによって、Bさんは「自分だけが批判されている」という思い込みをしていました。Aさんには反対意見の言い方を指導して、Bさんにはあなたを批判していたわけではないという事実を伝えます。

このように、組織のデバッグをすると思考のステップがエンジニアリングと同様になります。1つのコミュニケーションを例にしてデバッグを考えましたが、組織で起きるさまざまなバグにも応用ができるでしょう。

4-3. 組織は人から成る

組織とシステムは似ているかもしれませんが、組織は人によって構成されています。したがって、システムのように思いどおりに動かせるものではありません。組織を動かすには、組織にいる人々とコミュニケーションをとることが必要不可欠です。

マネージャーは自分のチームだけではなく、他チームや他部門、ステークホルダーとの関係を築いて、協働しなければなりません。

マネージャーの視座

マネージャーには、自分の組織のアウトプットだけではなく、影響力が及ぶ隣接諸組織のアウトプットを最大化することが期待されます(Grove, 2017, p.85)。そのためには、チームメンバーとしての視座とは別に、組織としての視座が必要です。

視座とは、物事を認知する立場のことで、チームメンバーとマネージャーは視座が異なります。チームメンバーからマネージャーの視座に上がることで、組織として立場から物事を捉えられるようになります。さらに視座が上がると、「組織全体を見る広い視野」と「組織の成果を見通す視点」も備わるようになるでしょう。

図4.3.1 視座により変わる視野と視点

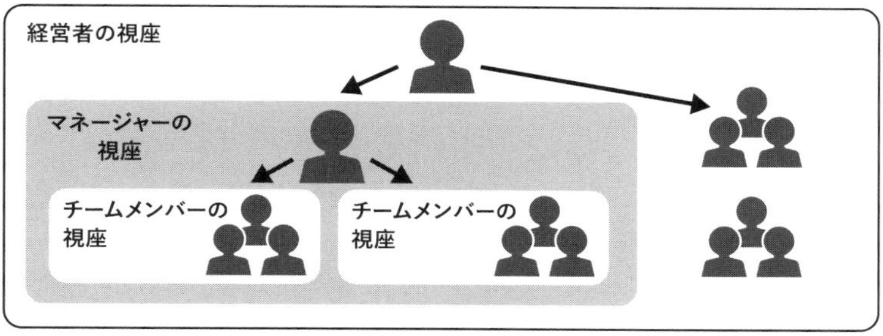

視座を上げることは、関心の範囲を広げることにもなります。関心の範囲とは、自らが認知できる範囲と考えてください。たとえば、関心がある話（関心の範囲内）は熱心に聞いたが、関心がない話（関心の範囲外）は上の空になったことが誰しもあるでしょう。これは、耳に入ってきた情報でも、関心がないことを脳が認知しないために発生するのです。

関心の範囲を広げることで、より多くの情報を認知できるようになります。認知された情報は、単に記憶されるだけではなく、既知の情報と組み合わせて思考する材料になります。したがって、同じ情報をインプットしても、認知されたかどうかによって人の行動は大きく変わるでしょう。

また、マネージャーは遠い将来を見ること、すなわち、経営者の視座に近づくことが必要です。将来を見据えることで、短期的な成果だけではなく、長期的な成果も最大化できるでしょう。

図4.3.2　**視座の範囲と時間**

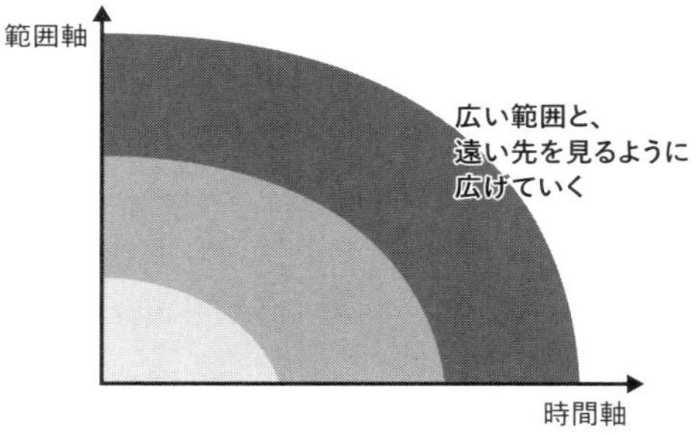

しかしながら、「視座を上げよう」と思っても、一朝一夕で変わるものでもありません。視座というのは習慣であり、習慣を変えるには時間が必要です。あるいは、マネージャーになることでマネージャーの視座になれるという、立場が人を作る可塑性なのかもしれません。どちらにしろ、マネージャーとして活動することが、視座を上げる一歩目になるでしょう。

分業が作り出すもの

1つ上の視座から組織を見たときに、チームは大きな組織に属しているのが見えるでしょう。いくつかのチームを見ると、それぞれのチームが役割を持っていることがわかります。

チームの役割というものは、経営学でいうところの分業によって作られます。分業とは、一言でいうとタスクを分けることです。たとえば、1つのプロダクトをフロントエンドチームとバックエンドチームで開発することも分業になります。組織というのは、大きくなれば必ず分業を行うことになり、分業こそがチームを作り出すことにほかなりません。

分業が作り出す役割

分業が作り出すのは、チームだけではありません。次に挙げる2つの役割を作り出します。

1つは、**調整**です。分業によって、タスクはいくつかに別れてしまいます。タスクを協働して進めるためには、チーム間の**リエゾン**が必要になります。リエゾンとは、連絡や仲介をする調整役*24のことで、各チームをつなぐ役割です。

もう1つは、**統合**です。分業によって、分かれた仕事を完遂するためには、**インテグレーション**が必要になります。インテグレーションは、各チームのプロセスと成果物を統合する役割です。

この2つの役割を無視すると、分業が機能することはありません。マネージャーは、チームとチームの間に入って、リエゾンとインテグレーションをマネジメントします。マネージャーがやることは、2つの役割を担うだけではありません。この役割をチームが担えるようにしたり、専任スタッフを配置したりすることも可能です。

注意するべきは、リエゾンとインテグレーションを担うには、情報と権限が必要になることです。意思決定を1つするにも「判断するための情報」を、複数のチームを動かすにも「人を動かす権限」が必要になります。マネージャーは、情報と権限を適切に用いて、リエゾンとインテグレーションを行いましょう。

「内向きと外向き」のマネジメント

マネジメントには、内向きと外向きのマネジメントがあると考えます。チームマネジメントは内向きのマネジメント、リエゾンとインテグレーションは外向きのマネジメントといえるでしょう。マネージャーは、内向きと外向きのマネジメントに携わります。

外向きのマネジメントは、他チームから顧客まで多くのものが対象にな

＊24　軍隊の連絡将校が、リエゾン・オフィサーと呼ばれていたことに由縁があります。

るでしょう。これらは、ステークホルダーと呼ばれます。

図4.3.3　内向きと外向きのマネジメント

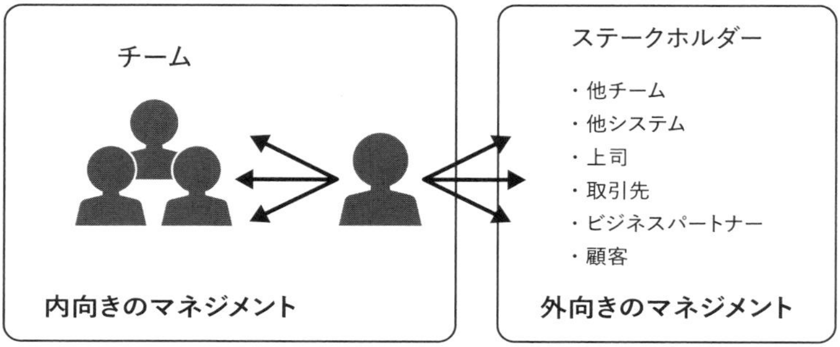

組織には、必ずステークホルダーが存在します。ステークホルダーは、個人から組織までをも含む利害関係者のことで、利も害ももたらします。マネージャーは、ステークホルダーとの関わりを構築することで、組織のアウトプットを最大化するのです。

ステークホルダーと関わる

ステークホルダーとの関係を築き、期待や関心について把握することを、ステークホルダー・エンゲージメントといいます。ステークホルダー・エンゲージメントを、どのようにマネジメントするのか —— いわゆる、**ステークホルダー・マネジメント**について、PMBOK® ガイドでは5段階のプロセスで説明しています。

まず、ステークホルダーが誰か理解し（特定）、その考えや情報を押さえます（理解と分析）。分析にもとづいて優先度の高いステークホルダーを特定し（優先順位づけ）、そこを中心としてステークホルダーと関わり、要求や期待を引き出します（エンゲージメント）。そして、新しいステークホルダーの登場など、ステークホルダー全体との関係について変化を追います（監視）。

一口にステークホルダーと言っても、プロジェクトやビジネスなど、その切り口によってさまざまな人や組織があります。これらの中から、関与するステークホルダーを特定して優先順位をつけるためには、図や表にマッピングしてその関係性を可視化するのが有効です。これを関係者と一緒に進めることで、関係者間での認識が擦り合うだけではなく、多角的な視点を持って「特定」と「理解と分析」ができるようになるでしょう。

図4.3.4　**ステークホルダーマップを使った可視化の例**

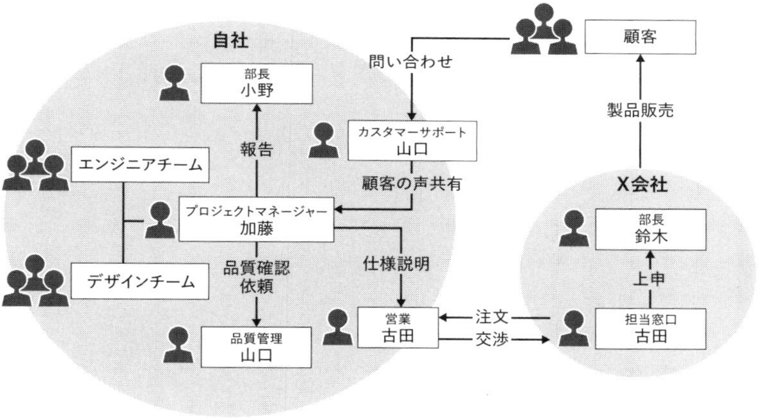

ステークホルダーの中でも、関心度が高く影響力もある人には、とくに注意を払います。要求や課題に対処したり、積極的にコミュニケーションをしたりすることで、協力関係を築かなければなりません。

時には、利害が一致せずに対立するステークホルダーもいるでしょう。対話を重ねて説得や交渉をすることはもちろんですが、ほかにもさまざまなアプローチがあります。たとえば、ステークホルダーをプロジェクトチームに引き込んで一緒に代替案を考えると、その構造が対立から協調に変化します。自社のステークホルダーの場合、関与度が下がるように組織構造を調整することもできるでしょう。

ステークホルダーを理解して協力関係を築くことは、簡単なことではありません。プロジェクトやビジネスの状況、ステークホルダーとの関係値によって、とるべき行動もさまざまです。しかし、状況に合わせて調整をしながらステークホルダー・マネジメントを続けることで、ステークホルダーはいつか頼もしい味方になるでしょう。

社内政治と呼ばれる何か

ステークホルダー・マネジメントを行うと、必ず「政治的な何か」に直面します。政治的な何かは、俗に言う社内政治というものであり、できれば関わりたくないかもしれません。しかし、マネージャーは社内政治からは逃れられないのです。社内政治と向き合うために、社内政治がなぜ発生するのかを理解しましょう。

政治的なものとは「味方と敵の区別」だといいます(Schmitt, 2022, p.119)。組織の中に味方と敵が存在していると、社内政治が発生してしまいます。チームや部門にとっての味方と敵があれば、より大きな社内政治になってしまうでしょう。

社内政治には、どう対処していけばよいのでしょうか。それは、**社内政治を否定しない**ことだと考えます。

社内政治に向き合い、社内に味方を作り、時には敵と取引をして、敵を味方にしていくことが大切になるでしょう。政治的なものを社内政治と呼んで忌み嫌うのではなく、ありのままの組織として受け止めるしかありません。

交渉という名の対話

ステークホルダー・マネジメントや社内政治の対処をすると、必要になってくるのが交渉です。交渉は、双方の要求に対して合意がされないときに始まります。何気なくする些細な要求でさえ、小さな取引を行うための交渉です。誰しもが、一日に何度も交渉をしているのではないでしょうか。

交渉学によると、交渉は次のステップで行います。

1. **BATNAを準備する** — BATNA（Best Alternative To Negotiated Agreement）とは、交渉に合意できなかった場合の最善案のことをいう。
2. **RVを計算する** — RV（Reservation Value）とは、留保価値のことでBATNAを

行使した際に得られる価値のことをいう。RVが交渉において譲歩できる最低ラインとなる。

3. **相手のBATNAを見極める** — こちらの要求がどこまで通るかは、相手のBATNAによる。相手のBATNAを見極めることは、相手のRVを計算することにつながる。
4. **相手のRVを計算する** — 相手のBATNAからRVを計算することで、相手の譲歩できる最低ラインを見定める。
5. **ZOPAを計算する** — ZOPA（Zone Of Possible Agreement）とは、交渉妥結の範囲のことをいう。ZOPAの範囲外になると交渉決裂になると考える。
6. **合意案を形成する** — ZOPAの中で合意できる案を形成し、**賢明な合意**[*25]をする。

交渉における各要素を図示すると次のようになります。

図4.3.5 **交渉の全体像**

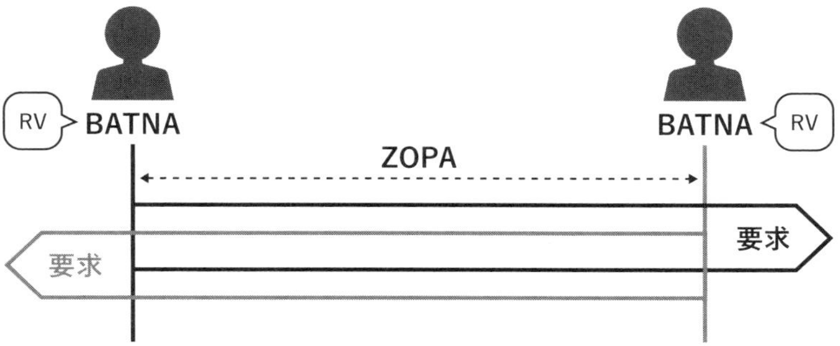

交渉において勘違いしやすいのが、交渉は駆け引きだと考えてしまうことです。交渉は勝つか負けるかのゼロサムゲームではありません。利害を一致させる、いわゆる、交渉の落としどころを見つけてWin-Winの関係を築くことが大切です。また、長期的な視点で考えた際に、短期的な利益を

＊25 賢明な合意とは、「当事者双方の正当な要望を可能な限り満足させ、対立する利害を公平に調整し、時間がたっても効力を失わず、また社会全体の利益を考慮に入れた解決」のことです（Fisher, 1990）。

追求することが必ずしも最善とは限らないでしょう。

交渉には人間の心理が深く関わっているため、心理学から得られた知見を応用することで、交渉をさらにスムーズに進められるかもしれません。しかしながら、理論やテクニックにとらわれすぎて、交渉の本質を見失わないようにしてください。交渉は駆け引きではありません。デール・カーネギーは、人の説得について次のように教えてくれています。

> **人を説得して何かやらせようと思えば、口を開く前に、まず自分に尋ねてみることだ――「どうすれば、そうしたくなる気持ちを相手に起こさせることができるか？」**
>
> 「人を動かす」(Carnegie, D. 山口博訳. 2016. 創元社. pp.54-55)より引用

第5章
戦略実現のためのマネジメント

マネージャーの役割の1つには、「**そのあらゆる決定と行動において、直ちに必要とされているものと遠い将来に必要とされるものを調和させていくこと**」があります(Drucker, 2001, pp.128-129)。現在と遠い将来を調和すること、すなわち、戦略を考えることはマネージャーの仕事になります。

本章では、戦略とは何か、どのように作られて、どのように実行するのかを学びます。

第5章で学ぶこと

- 戦略について
- 内部環境と外部環境の分析方法
- 戦略の実行方法としての予算と目標
- 組織デザインの考え方
- 意思決定とは何か

5-1. 戦略とは何か

戦略について学ぶ前に、戦略とは何かについて少し触れましょう。大辞林には「長期的・全体的展望に立った闘争の準備・計画・運用の方法。」とあります。戦略は、元々軍事学の専門用語であり、大辞林は軍事学のそれに近い定義がされているように見受けられます。

戦略の定義はさまざまです。計画を意味するもの、行動を意味するものなど、多様な使われ方があるでしょう。それぞれの分野が1つの研究領域として扱われるほどで、それらをまとめて戦略領域といいます。

戦略の構造

戦略領域のうち、マネージャーが関わるであろう企業の戦略について学びを進めましょう。

企業の戦略は、全社戦略・事業戦略・機能戦略の3つで構成されています(琴坂, 2018, p.37)。これらは、それぞれに独立したものではなく、事業戦略と機能戦略は企業戦略(全社戦略)とつながっているのです。

- **企業戦略** — 企業全体を俯瞰した企業としての戦略。市場参入や他社との協業などを検討する。
- **事業戦略** — プロダクトやロケーションなど事業ごとの戦略。市場調査をしてプロダクト差別化の計画を作成する。
- **機能戦略** — 技術や物流、マーケティングなど機能ごとの戦略。マーケットの技術動向を捉えて技術導入計画を作成する。

図5.1.1 **企業戦略の全体像**

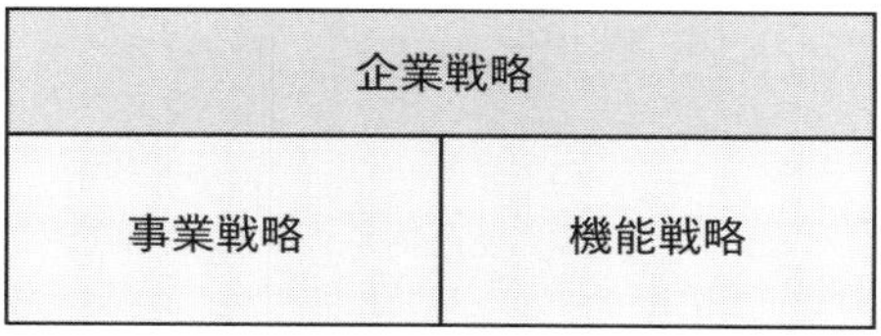

戦略プランニング

企業における戦略は、組織がビジョンへ到達するための道筋です。すなわち、指針や方法、計画などを作成することであり、そのプロセスを戦略プランニングといいます。

戦略プランニングでは、企業内外の環境を分析して、市場における競争優位性を議論しましょう。そして、不確実な未来に対する仮説を立て、企業戦略をはじめ事業戦略と機能戦略を作ります。それが、目標や予算になり戦略の実行に移るのです。

戦略プランニングをしようと考えたときに、陥りがちな間違いがあります。それは、ファイブフォース分析などに代表されるような、戦略フレームワークを使って闇雲に始めてしまうことです。最初は、戦略プランニングによって、「何をしようとしているのか」を考えるべきでしょう。戦略プランニングでもっとも重要なことは、フレームワークを選ぶことでも使用することでもなく、戦略について議論することです。

戦略は計画するだけではない

戦略が描く未来は不確実なものであり、戦略のとおりに進めることほど難しいものはありません。計画していないことから偶発的に戦略が生まれることさえもあります。

例として有名なのは、本田技研工業（ホンダ）の話です。1960年代に、ホンダは米国のオートバイ市場に参入して、小型バイク市場で63%のシェアを占めました。

これが事前に計画された戦略かというと、そうではなかったようです。ホンダは、米国の大型バイクの市場に参入した当初、苦戦を強いられていました。そのような折、米国支社のスタッフは、日本から持ってきた小型バイクに乗って外出していました。すると、現地の人から問い合わせが入って、小型バイクの販売につながったのです。このことについて、当時のホンダ幹部は「*In truth, we had no strategy other than the idea of seeing if we could sell something in the United States.*（**実は、アメリカで何か売れないかということ以外、何の戦略もなかったのです。**）」とインタビューに答えています(Pascale, 1984, p.54, 訳は筆者による)。

このように、戦略は時として意図しなかった行動から発生することがあるでしょう。これを、**創発的戦略**といいます。戦略には、計画された戦略、いわゆる計画的戦略とともに創発的戦略が存在するのです(Mintzberg, 2013, pp.12-13)。創発的戦略を狙って作ることはできませんが、発生しやすい環境を作るのは可能です。それには、次の2つが必要になります。

第一に、行動することです。ホンダの例のように「米国で何かとりあえずやってみよう」という、行動を起こすことで戦略が創発的に生まれます。第二に、行動の結果から学ぶことです。行動を積み上げて、結果をもとに戦略を更新します。これにより、戦略における学習が進むのです。

創発的戦略は、仮説指向計画法やリーン・スタートアップ、リーン開発やアジャイル開発などに影響を与えています。これは、不確実性が高いときにこそ、創発的戦略が必要になるからです。企業における戦略は、計画的戦略だけではなく創発的戦略と共に形成されていくでしょう。

5-2.
内部環境と外部環境

戦略プランニングで分析する「環境」には、**内部環境**と**外部環境**という2つがあります。内部環境とは、組織の内側に存在する組織の行動に影響を与えうる要因すべてです。外部環境とは、組織の外側に存在する組織の行動に影響を与えうる要因すべてです。内部環境と外部環境を分析することで、組織の現状が把握でき、競争優位性を見いだせるようになるでしょう。

内部環境と外部環境の分析は、次に挙げる2つの理論がもとになっています。

1つは、RBV理論です。RBV理論とは、Resource Based Viewの略称で、資源ベース理論ともいいます。リソースの投入により産出したアウトプットを分析して、リソースから競争優位の源泉を見つけます。リソースが指すものは人材、技術、知識、ブランドなどです。リソースには、企業ごとに異なるという「異質性」と、企業間を完全には移動しえないという「不完全移動性」があります。価値あるリソースを組み合わせることで、模倣困難で代替が難しい持続的な競争優位性をつくれるでしょう。

もう1つは、SCP理論です。SCP理論は、Structure Conduct Performance（構造、遂行、業績）の略称です。産出したアウトプットとマーケットを分析して、マーケットにおける競争優位性を見つけます。完全競争から完全独占に近づくほど、安定して収益性が高くなるといいます。有名な「ポーターの競争戦略[*26]」の基礎にもなっている理論です。

内部環境／外部環境の分析で、戦略フレームワークの出番になります。RBV理論では、VRIOフレームワークやバリューチェーンなどがあります。SCP理論では、ファイブフォース分析、戦略グループなどです。フレームワークの使い方まで紙幅を割けませんが、フレームワークが何を解決するものなのか理解してから使用しましょう。

＊26　企業レベルでの戦略的な差別化により、マーケットを独占できるかを論じた理論です。

ケイパビリティとメトリクス

目まぐるしく変化する環境では、将来を見通すことが難しく、分析にもとづく戦略も失敗することがあるでしょう。そのような環境では、状況に応じてリソースを組み合わせ直して、組織も変化しなければなりません。このような、「さまざまなリソースを組み合わせ直して活用する組織能力」をケイパビリティといいます。

エンジニアリング組織のケイパビリティについて、興味深い研究結果があります。DevOps Research and Assesment（DORA）チームが実施した研究[*27]では、2,000社以上にも及ぶエンジニアリング組織のソフトウェアデリバリと組織のパフォーマンス改善能力を、調査して分析しました。その結果、ソフトウェアデリバリのパフォーマンスを改善するケイパビリティを24個特定したのです。24個のケイパビリティは、①継続的デリバリ、②アーキテクチャ、③製品とプロセス、④リーン思考にもとづく管理と監視、⑤組織文化という5つのカテゴリーに分類されます。

表5.2.1　**パフォーマンスの高い開発組織の組織能力**

継続的デリバリ	●本番環境のすべての成果物をバージョン管理システムで管理 ●デプロイメントプロセスの自動化 ●継続的インテグレーションの実装 ●トランクベースの開発手法の実践 ●テストの自動化 ●テストデータの管理 ●情報セキュリティのシフトレフト ●継続的デリバリの実施
アーキテクチャ	●疎結合のアーキテクチャ ●チームへのツール選択権限を付与
製品とプロセス	●顧客フィードバックの収集と活用 ●全業務プロセスの作業フローの可視化 ●作業の細分化 ●チームによる実験の奨励・実現

＊27　Google. (2020). Explore DORA's research program. https://www.devops-research.com/research.html

リーン思考にもとづく管理と監視	●負担の軽い変更承認プロセス ●事実上の意思決定における、アプリケーションとインフラの監視結果の活用 ●システムの健全性のプロアクティブ（予防的）なチェック ●WIP制限によるプロセス改善と作業管理 ●作業の可視化による、品質の監視とチーム内コミュニケーションの促進
組織文化	●創造的な組織文化の育成 ●学びの奨励と支援 ●チーム間の協働の支援と促進 ●有意義な仕事を可能にするツールなどの資源の提供 ●改善を推進するリーダーシップの実現や支援

「LeanとDevOpsの科学［Accelerate］テクノロジーの戦略的活用が組織変革を加速する」(Forsgren, N Ph.D. Humble, J. Gene Kim, G. 武舎広幸・武舎るみ訳. 2018. インプレス. pp.235-243）で提案されたものの要約

ケイパビリティを発揮するには、事業機会・脅威を感知して捉えることが必要です。そのためには、メトリクスを活用しましょう。

組織文化の定量データは、従業員ネットプロモータースコア、職務満足度などを、組織サーベイによって収集できます。

ソフトウェアデリバリのパフォーマンスでは、Four Keys＊28と呼ばれる4つの指標が確立されています。この4つの指標によって、ソフトウェアデリバリの「スピード」と「安定性」を測定できるのです。

- **デプロイの頻度** — 本番環境にリリースする頻度。
- **変更のリードタイム** — コードの変更がコミットされてから本番環境稼働までの所要時間。
- **変更障害率** — デプロイが原因となり本番環境で障害が発生する割合。
- **サービス復元時間** — 本番環境での障害から復旧までにかかる時間。

このように、メトリクスを用いることで、ケイパビリティを可視化できるでしょう。可視化することで、「ケイパビリティを現在値からどこまで上げるか」という、具体的な議論ができるようになるのです。

＊28 Accelerate State of DevOps 2021では、5つ目の指標として「信頼性」が追加され、「Software Delivery and Operational (SDO) Performance」と呼ばれています。

組織文化の醸成

組織文化とは、企業の従業員が持つ共通の価値観や信念、行動規範のことです。組織文化は、組織の内部環境であるとともに、外部環境の変化に対して取るべき行動や意思決定の礎になっています。そのため、戦略プランニングにおいても重要なものになるでしょう。

文化を作るものは何なのかを一言でいうと、**伝統と習慣**です。企業に根付く伝統や習慣に囲まれて過ごすと、人々は似かよったものへと同質化していきます。これを、私たちは文化と呼んでいます。文化形成について、次の表現はいい例えです。

> **チームの文化はサワードウパンのようなものだ。スターター（創業者）がパン生地（新来者）に菌（文化）を植え付ける。イースト菌と乳酸菌（チームメンバー）が発酵（成長）すると、おいしいパン（チーム）のできあがりだ。**
>
> 「Team Geek ―Googleのギークたちはいかにしてチームを作るのか」(Fitzpatrick, B.W. & Collins-Sussman, B. 角征典訳. 2013. オライリー・ジャパン. p.32)より引用

菌という文化から、パンというチームを醸成します。パン作りでは、パンを取り巻く環境（湿度、温度など）やパン生地のこね具合など、いくつもの要因が影響を与えるでしょう。組織も同様で、文化があれば直ちにいい効果を生むわけではありません。長い時間をかけて、ゆっくりと成長していくでしょう。

文化をゼロから作る機会は非常に少ないものです。なぜなら、文化の始まりは、企業の創業者にあるからです。ほとんどの人は、すでに存在する文化の中を生きることになるでしょう。文化はまるで、魚にとっての水のように、人にとっての空気のように、あたりまえに企業に存在しています。

組織文化の変革

組織文化は、時間の経過とともに変化します。経営方針など内部環境の変化や、市況など外部環境の変化によって、組織文化を変革したい時もあるでしょう。

組織文化という人々の習慣を変えて、新しい伝統を作り出すことは、一朝一夕にはいきません。意図的に人の習慣を変えるには、相手が望まない変革を持ち込まないほうが賢明です。望まない変革を持ち込んでしまうと、変革したくない人たちとの間で対立が起きてしまいます。したがって、人が自ら変わらざるを得ない状況を作り出すほうがよいでしょう。

たとえば、毎日朝食にライスを食べている人に、「明日の朝食はパンを食べなさい」と言ったところで反発するでしょう。では、その人が旅行に行って、朝食で焼き立てパンが出されたとしても、パンを食べることに反発をするでしょうか。「パンを食べなさい」と命令するのではなく、食べざるを得ない状況を作り出すほうが効果的です。

組織変革にはプロセスがあります。組織変革プロセスを、コッターは8段階の変革プロセスとして定義しました(Kotter, 2002, pp.42-45)。下記はプロセスを筆者がまとめたものです。

1. **危機意識を生み出す** — 変革を始めるために、組織に対して十分な危機感を盛り上げる。現状に満足をしている人は、変革が自分たちにとっては不必要だと言って、変革に協力はしてくれないため、危機意識を生み出すことが人々の協力を引き出す重要な条件になる。
2. **変革推進のための連帯を生み出す** — 変革を推進するためのチームを作り、チームが変革プロジェクトをリードする。チームには、変革に関する重要人物、企業内で高い評価を受けて信頼の厚い人物が参加する。
3. **ビジョンと戦略を作る** — なぜ努力すべきなのかを明確に、あるいは暗示的に説明したビジョンを作る。ビジョンを達成するための方法を戦略として表明する。
4. **ビジョンの周知徹底** — ビジョンを伝えるためのメッセージングやコミュニケーションを徹底する。
5. **従業員の自発を促す** — 自発的な取り組みの阻害要因を排除する。それにより、変革を推進するチームが自発的な取り組みを継続できる。
6. **短期的成果を出す** — ビジョンと明らかに関連した「はっきりと目に見える具体的、かつ短期的成果」を挙げる。短期的成果により、変革が価値を生む証拠になり、変革反対者の勢いを削げる。また、変革推進チームの功績を称えることで、変革の勢いが維持される。
7. **成果を生かしてさらなる変革を推進する** — 変革に多くの支援が加わり、さらに変革が加速する。一方で、変革反対者も残り続けるため、変革の手を休めてならない。相互依存関係にある組織から協力を要請するとともに、不要な相互依存関係を排除することで、変革が推進しやすくなる。

8. **新しい方法を文化に定着させる** — 新しい方法が優れている事実を確かめさせて、新しい方法の説明や議論が何度もされることによって、文化が定着する。

変革ができたと思っても、文化として定着させなければ、元どおりになってしまいます。文化を変えるというのは、8段階目になって初めて実現したといえるのです。

組織の知識

内部環境には、組織文化のほかにも「組織の知識」というものがあるでしょう。組織の知識は、組織に属する個人の知識を源泉とします。

知識には、形式知と暗黙知という2種類の知識があります。**形式知**は、マニュアルや技術文書などの形式言語によって表すことのできる知識です。**暗黙知**は、個人的な体験や信念などの形式言語で言い表すことが難しい知識です。

野中・竹内(1996, pp.93-95)によると、形式知と暗黙知の知識変換が、双方向に行われることで、**知識が創造される**といいます。これを、組織的知識創造といい、この能力こそがイノベーションを生み出す力になるのです。組織的知識創造のプロセスは、野中・竹内によって4つの知識変換モードとして定義され、各モードの頭文字をとって**SECIモデル**と呼びます。

図5.2.2　**SECIモデル**

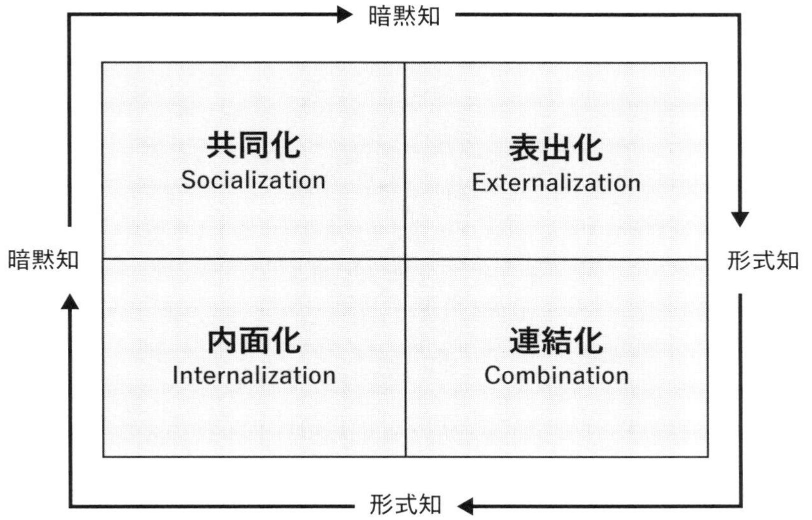

共同化は、個人の暗黙知からグループの暗黙知を創造します。経験を共有すること、つまり言葉ではなく観察や模倣、練習などの共体験をすることで暗黙知が共有されます。**表出化**は、暗黙知から形式知を創造することです。暗黙知を概念化と言語化をすることで、形式知に変換します。**連結化**は、個別の形式知から体系的な形式知を創造することです。異なった形式知を組み合わせて、新たな形式知を作り出します。**内面化**は、形式知から暗黙知を創造することです。行動から学ぶことで、形式知を暗黙知へ体化します。これが、組織による知識創造です。

組織が知識創造をするためには、情報の透明性を高めることが重要です。組織に行き交うさまざまな情報を共有して、組織の情報格差をなくすだけではなく、時には必要としていない情報も意図的に共有します。情報の行き来するコミュニケーション・ネットワークも組織構造の壁を越えるように促す、あるいは仕組みを作ることで組織に情報を行き渡らせます。このような活動によって、知識の共有を促進できるようになるでしょう。そして、組織の中にあるさまざまな知識が組み合わさることで、「組織の知識」になるのです。

エンジニアリング組織の知識創造

野中・竹内の方法論は、さまざまな形で現在のエンジニアリング組織に根付いています。

アジャイル開発手法のScrumは最たる例で、フレームワークの中に知識スパイラルが効果的に組み込まれています＊29。Scrumには、コミュニケーションを促進する各種イベントがあり、共同化・表出化・連結化・内面化のスパイラルを生み出すでしょう。このスパイラルにより、チームの中で知識が創造されるようになるのです。

また、Scrumは個人とチームが自律的に行動する状態――いわゆる自己組織化――を促進します。自己組織化した組織に対して、挑戦的な目標を示すことで、チームは目標達成のために創意工夫をします。これが、新しい知識を創造する機会になるでしょう。

ほかにも、1つのタスクに皆で取り組むスウォーミングやモブワークも知識創造を促進します。モブワークの一種であるペアプログラミング／モブプログラミングでは、プログラミングを共体験することで、個人の知識を共有します（共同化と表出化）。それぞれの業務知識をソースコードに表現するだけではなく、新たな業務知識の発見やプログラミング技法の伝播、コーディング規約の生成などもされるでしょう（連結化）。そして、これらの知識が個人の知識に定着して応用されるのです（内面化）。

エンジニアリング組織の知識創造を促進するのは、エンジニアリングマネージャーの努めです。そのための仕組みを導入する、あるいは作り出すなどして組織的知識創造を推し進めていきましょう。

＊29　Scrumは、竹内・野中による論文『The New New Product Development Game』（Takeuchi & Nonaka, 1986）をもとに、Ken SchwaberとJeff Sutherlandによって開発されました。

5-3.
戦略の実行

戦略を描いただけでは、まさに絵に描いた餅です。戦略を描いたら実行しなければなりません。戦略の実行は、すなわち何を測るかという指標を決め、具体的な目標を作ることになります。それが目標設定、予算などになるでしょう。

戦略の実行の流れを図示すると、次のようになります。

図5.3.1　**戦略の実行の流れ**

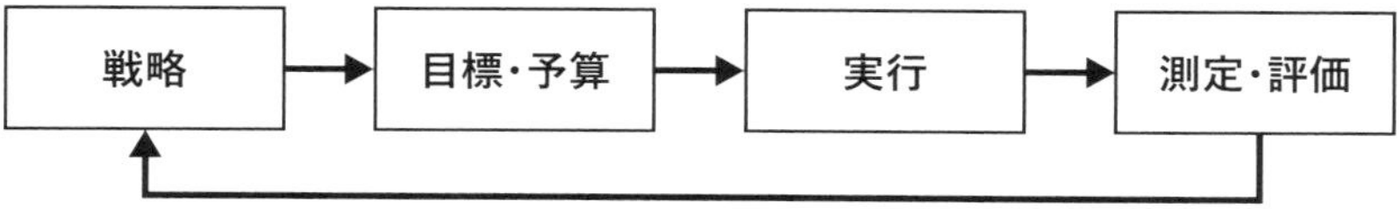

戦略によって、さまざまな目標や予算が作られて、目標を達成するための具体的なタスクが実行されます。実行した結果を測定・評価することで、得られた事実と学びが新たな戦略に活かされます。

予算と指標の測定

指標になり得るものは無数に存在しています。たとえば、売上や利益、プロダクトのPVやCVR、商品レビュー数など多岐にわたるでしょう。私たちは、これらの中から価値ある指標を探さなければなりません。

数字の扱いについて、1つ注意があります。数字というものは簡単にハックできてしまいます。スティーブ・ジョブズが「数字はどうにでも料理できる。信じればだまされてしまう」と言ったように、数字はどこからでも持ってこられます。

指標の測定では、数字だけを盲信せずに、業績にどう影響したかまでを考えてください。リーダーシップ論の1つであるマネジリアル・グリット論において、人間への関心と業績への関心を示すリーダーが理想型と説かれるように、マネージャーたるもの業績には常に関心を持たなければなりません。

指標は予算になり、企業の予算管理に用いられるでしょう。予算管理では、企業会計を用いて事業活動を定量的に分析します。したがって、指標を把握することは、業績を読み取ることにつながるのです。

企業会計の基本

企業会計は、**管理会計**と**財務会計**に区別されていて、それぞれ目的が異なるものです。簡約すると、管理会計は内部向けの会計であり、企業の数字を経営に活かすために用います。財務会計は外部向けの会計であり、企業の事業実態を数字で説明するために用います。

企業会計の詳細な説明は専門書に任せるとして、本書ではマネージャーが知っておくべき「会計知識の入り口」まで案内しましょう。

管理会計

管理会計は、未来に視点を置いた会計であり、経営者の意思決定を支援するために分析・活用します。また、企業の内部管理に用いられるため、企業ごとに運営指針が定められています。

管理会計では、一般的に売上や原価などの予実管理を行うでしょう。主な指標には、変動費・固定費・限界利益があります。

- **変動費** — 売上に比例して発生する費用。材料費や消耗品費、仕入原価、外注費などがある。
- **固定費** — 売上の増減に関わらず時間とともに発生する費用。人件費、地代家賃などがある。
- **限界利益** — 売上高から変動費を引いたもの。売上の追加1単位あたりの利益、またはそれらの合計額。

売上高に対する、各要素の構成は次のようになります。

図5.3.2　**管理会計の要素**

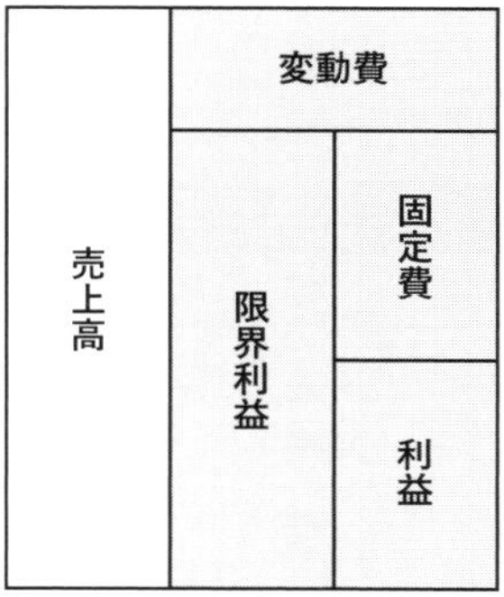

固定費を限界利益率で除算することで、損益分岐点を算出できます。損益分岐点とは、利益がゼロになる売上高のことで、損益分岐点以上の売上がなければ、損失が出てしまいます。

損益分岐点 = 固定費 / (1 − (変動費 / 売上高))

企業は損益分岐点よりも、高い売上を目指すことはもちろん、変動費や固定費を予算内に収めるように管理しなければなりません。

図5.3.3　**管理会計の要素と損益分岐点**

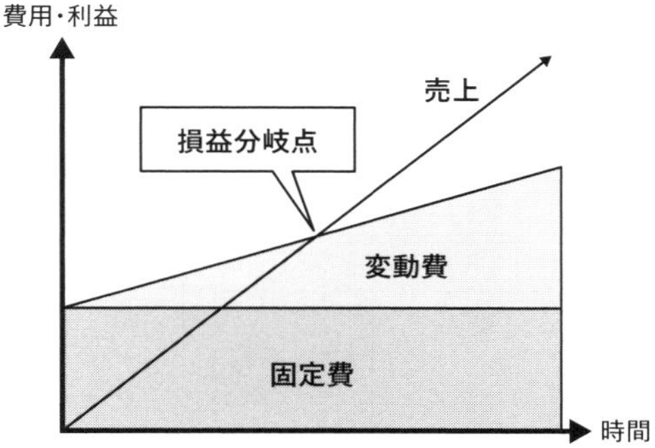

財務会計

財務会計は、過去に視点を置いた会計であり、会計期間の業績を報告するための財務諸表を作成します。財務諸表は、株主や金融機関などのステークホルダーなどに開示されます。また、国際財務報告基準に代表されるような会計基準に従って、すべての企業が同じ運営方針になっているのです。

財務諸表の中でも、**損益計算書・貸借対照表・キャッシュフロー計算書**の3つは重要です。これらは、**財務三表**と呼ばれます。

損益計算書とは、Profit and Loss Statement（以下、PL）のことで、特定の期における利益を計算します。収益・費用・利益が記載されていて、企業の経営状況が確認できるのです。PLは、収益から費用を差し引くことで利益を算出します。

図5.3.4　**損益計算書**

売上高	100
売上原価	10
売上総利益	90
販売費及び一般管理費	…
営業利益	…
営業外収益	…
営業外費用	…
経常利益	…
特別利益	…
特別損失	…
税引前当期純利益	…
法人税等	…
当期純利益	…

- **売上高** — 商品の販売による売上など、本業である営業活動の対価として得られた収益。
- **売上原価** — 商品の仕入れ原価や、製造の費用。
- **売上総利益** — 売上から、売上原価を差し引いて算出される利益。粗利ともいう。

- **販売費及び一般管理費** — 本業の営業活動に必要なすべての費用。経理、総務部門などの人件費や、通信費、交通費などが含まれる。
- **営業利益** — 売上総利益から、販売費及び一般管理費を差し引いて算出される利益。
- **営業外収益** — 本業の営業活動以外で得た収益。銀行利息など。
- **営業外費用** — 本業の営業活動以外で発生した費用。借金利息など。
- **経常利益** — 営業利益と営業外収益から、営業外費用を差し引いたもの。本業以外も含む、すべての事業活動による利益。
- **特別利益** — 会計年度だけの特別な利益。
- **特別損失** — 会計年度だけの特別な損失。
- **税引前当期純利益** — 経常利益と特別利益から、特別損失を差し引いた利益。
- **法人税等** — 法人税等の支払い。
- **当期純利益** — 税引前当期純利益から、法人税を差し引いたもの。

PLには、売上総利益・営業利益・経常利益・税引前当期純利益・当期純利益という5つの利益があります。これらが、どのように算出されるか図示すると次のようになります。

図5.3.5 **PLの要素**

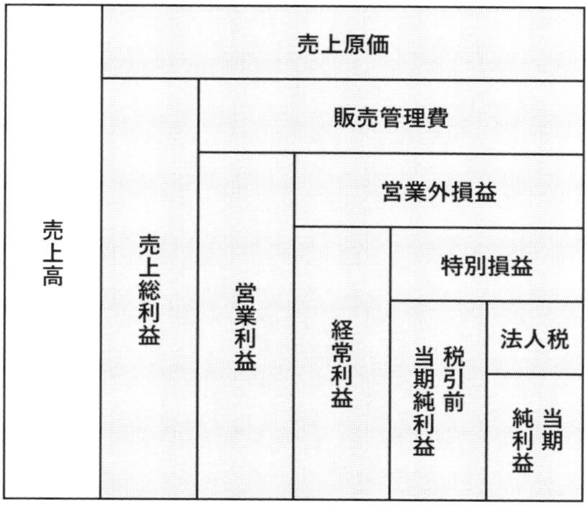

貸借対照表は、Balance Sheet（以下、BS）といい、正味財産を計算します。資産、負債、純資産の要素で構成され、**資産＝負債＋純資産**という関係になります。表は中心線で分けられ、左が資産で右が負債と純資産です。貸借対照表というとおり、左右の合算値は必ず一致します。

図5.3.6　**BSの構造**

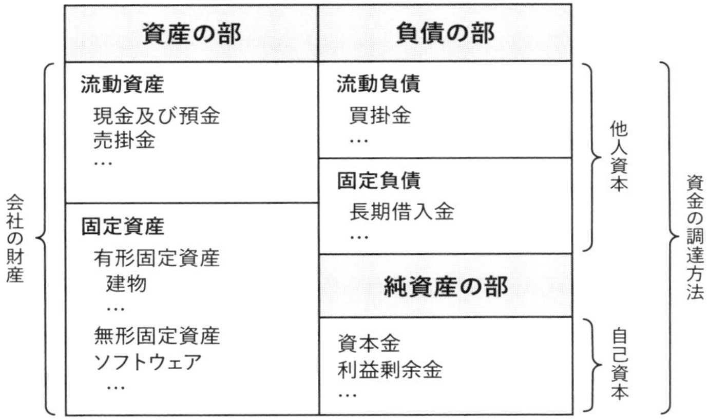

キャッシュフロー計算書は、Cash flow Statement（以下、CS）といい、お金の流れを計算します。営業活動・投資活動・財務活動を、3つの欄に分けて整理します。PLの利益とキャッシュフローは連動しないため、CSによって現金や預金の動きを計算するのです。

図5.3.7 **CSの構造**

営業活動によるキャッシュフロー	
税引前当期純利益	45,000
減価償却費	40,000
売上債権の増加	△ 50,000
…	…
投資活動によるキャッシュフロー	
有価証券取得	…
有価証券売却	…
固定資産取得	…
…	
財務活動によるキャッシュフロー	
借入金増加	…
借入金返済	…
株式発行収入	…
…	
現金及び現金同等物の増減額	…
現金及び現金同等物期首残高	…
現金及び現金同等物期末残高	…

図5.3.8 **キャッシュの動き**

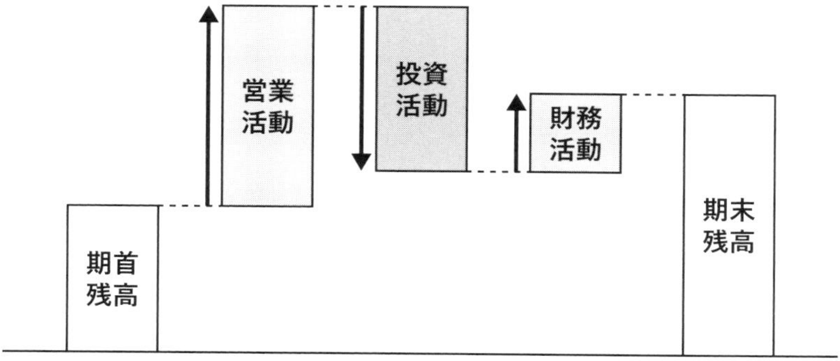

財務三表は互いに関係しています。BSで資金の調達方法を、PLで利益がどのように生み出されているかを、CSで現金の流れを確認できます。財務三表を見ることで、企業がどのような状況なのか把握できるのです。

管理会計と財務会計において、似たような言葉が使われていても、違うものを指しているので注意してください。

企業会計とエンジニアリング

企業会計は、エンジニアリングにも関わりがあります。管理会計と財務会計の例を挙げて説明しましょう。

管理会計では、エンジニアリングに関する費用を変動費と固定費に分けて管理します。変動費には、ソフトウェア開発における業務委託費用、インフラストラクチャ費用などがあります。固定費には、エンジニアの人件費、開発ツール費用、ソフトウェアライセンス費用などがあるでしょう。

管理会計は、企業ごとに運営指針が定められているとおり、その考え方はさまざまです。たとえば、クラウドインフラストラクチャをオンデマンドで利用すると、売上に比例して費用が発生するため、変動費として管理することになります。これに対して、クラウドインフラストラクチャの利用予定分を前払いで購入した費用は、固定費として考えてもよいでしょう。自社でサーバを購入した場合は、その費用を減価償却[*30]することで固定費として管理することもできます。ほかにも、ソフトウェア開発における業務委託契約を長期間継続する場合、その費用を固定費として管理することもあるでしょう。このように、管理会計では、費用の管理方法を必要に応じて変えることになるのです。

続いて、財務会計です。財務会計では、「研究開発費等に係る会計基準」などによって、研究開発およびソフトウェア開発の会計基準が定められています。研究開発は、発生時に費用として会計処理をしなければなりませんが、ソフトウェア開発は、ソフトウェアの目的によって費用あるいは資産として会計処理をすることになるのです。

ソフトウェアの目的は、①受注制作のソフトウェア、②市場販売目的のソフトウェア、③自社利用のソフトウェアという3つに区分され、区分ごとに会計処理に関する基準があります（企業会計審議会, 1998）。市場販売目的および自社利用のソフトウェアは、一定の基準を満たすと、無形固定

＊30　減価償却とは、減価償却資産の取得に要した金額を一定の方法によって各年分の必要経費として配分していく手続きです。

資産（減価償却資産）として資産計上をしなければなりません。ソフトウェアを資産計上することで、耐用年数*31に応じた減価償却が可能になり、正確な財務状況を確認できるようになるのです。

資産計上するソフトウェアの取得価額については、購入した場合はその代価や購入に要した費用など、自社開発をした場合は開発に要した原材料費や労務費および経費などから算定します。後者の場合、エンジニアが稼働したプロジェクトの工数管理などをすることで、ソフトウェアの原価計算をしなければならないでしょう。

エンジニアにとって、企業会計から見たエンジニアリングの側面は、あまりなじみがないかもしれません。しかし、企業会計とエンジニアリングの関わりを理解すると、経営の視座からエンジニアリングを捉えられるようになるでしょう。

目標によるマネジメント

目標と聞くと、MBOという言葉が浮かぶかもしれません。MBOは、目標管理と誤認されることもありますが、本来の意味は目標管理ではありません。MBOとは、Management By Objectiveの略ですが、語源はManagement By Objective and Self-Controlにあります。Management By Objective and Self-Controlとは、「**目標と自己管理によるマネジメント**」という、目標を用いて経営することを説いた理論です。

Management By Objective and Self-Controlでは、自ら目標を設定して遂行することで、主体性が発揮されて大きな成果をあげるようになると考えられています。たとえば、マネージャーがチームメンバーの目標を管理するのではなく、チームメンバーが作った目標によって自己管理が促進されて、自発的に動くようになるのです。

自己管理ができると、自らの仕事ぶりをマネジメントできるようになります。自己管理によって、強い動機づけがされて、目標に対して最善を尽くすようになるでしょう。

*31 ソフトウェアの耐用年数は、複写して販売するための原本または研究開発用のものは3年、そのほかのものは5年と定められています。

Management By Objective and Self-Controlの提唱者であるドラッカーは、「**自己管理による目標管理こそ、マネジメントの哲学たるべきものである**」と述べました(Drucker, 2001, p.141)。哲学と述べたように、具体的手法までは定義していません。そのため、Management By Objective and Self-Controlが目標管理制度という具体的手法と同じ解釈になり、目標管理と誤認されてしまったのでしょうか。

目標は、いつまでに何を達成するかを定義することで、目的に向かうための「標」になります。企業戦略／事業戦略／機能戦略から目標を作ることで、組織の具体的な方針が伝わり、個人があげるべき成果を明らかにできるでしょう。また、マネージャーにとっても目標はなくてはならないものです。自分のチームの成果や、関係する組織の目標を明らかにしていなければ、組織の成果をあげることはできないでしょう。

本書では、目標によるマネジメントの手法を3つ取り上げます。1つは、個人を対象にした**目標管理制度**です。もう1つは、組織と個人を対象にした**OKR**、最後に組織やプロダクトを対象にした**KPIマネジメント**を説明します。

目標管理制度

個人目標を組織的に運用するのが目標管理制度です。目標管理制度は、Management By Objective and Self-Controlの考えをもとに作られた人事制度です。組織によって内容は異なりますが、基本的な構造は①目標設定、②目標運用、③目標評価の3つからなります。

目標設定をすることで、目標に関係がない業務を排除でき、目標に関係がある業務に集中できるようになります。また、具体的かつ困難な目標に取り組み、その結果がフィードバックされることで、パフォーマンスの向上にもつながるでしょう。

ところが、誤った目標設定をしてしまうと、目標管理制度の効果を発揮できません。たとえば、成功する見込みのない目標を設定すると、目標を諦めてしまい生産性が低下します。目標の数が多すぎると、労力が分散してしまい目標への取り組みが中途半端になります。

目標の作り方

目標を作るには、短期的視点と長期的視点をもって、組織全体の目標から部門目標を引き出します。部門目標からチーム目標を作り、成果を組み入れましょう。そして、チーム目標から個人目標が作られるのです。このように、組織全体の目標を細分化することで、組織の成果につながる個人目標を作れるでしょう。マネージャーは、自身のチーム目標を作るとともに、チームメンバーの個人目標作りと目標設定を支援します。

組織や個人の目標を作る基礎として、SMARTの法則を紹介します(Doran, 1981, pp.35-36)。SMARTの法則とは、目標設定の考え方の1つで、目標に必要な5つの要素を定義したものです。SMARTの法則に従うことで、より具体的な目標が作られて、目標を達成できるようになるでしょう。

1. **Specific** — 明確であること。
2. **Measurable** — 計測可能であること。
3. **Assignable** — 誰がやるのか割り当て可能であること。
4. **Realistic** — 達成可能であること。
5. **Time-related** — 期限が明確であること。

SMARTの法則における計測可能であることは、すべての目標を定量化することではありません。その本質は、目標と実行計画を結合することです。目標達成に向けた実行計画を作ることで、具体的な行動につながるのです。また、現状のままだと目標が達成できないと気づいた場合でも、「どうするか」を考えるようになります。

目標を作るために欠かせないことが、もう1つあります。それは、本人がその目標を受容しているか否かです。受容された目標、すなわち本人が腹落ちをしている目標は、目標達成の意欲が強くなりパフォーマンスを向上させます。そのため、目標設定において、なぜその目標を目指すべきか話し合い、しっかりと理解をしてもらうとよいでしょう。

目標の運用

「評価の時期になり、半年ぶりに目標をみた」という経験をしたことがあるでしょうか。目標設定をしても、このような運用をしてしまうと、まったく意味がありません。目標設定は、目標を作って終わりではなく、そこから運用が始まります。運用をしなければ、目標を達成することはできません。

目標は、目標遂行者の自己管理に委ねられますが、自己管理は非常に難しいものです。自己管理ができることは、自らの仕事ぶりをマネジメントできることにほかなりません。これは、一朝一夕でできるものではないでしょう。

そのため、マネージャーが自己管理のサポート役を担います。目標遂行者に目標を認識させ、助言や励ましを行い、目標に対してどこまで進捗しているのかをフィードバックします。これを、週1回〜月1回の短いサイクルで行いましょう。

目標の運用では、目標に対して「今どこにいるのか」を認識させることが重要です。それにより、目標までの進捗がわかり、改善に向けた行動を促せます。

最後に、目標の期限をもって達成できたかどうかを評価します。このように、目標の運用まで行うことで、目標によるマネジメントができるようになるでしょう。

OKR

目標とともに、指標を管理する手法としてOKRがあります。OKRとは、Objectives and Key Resultsの略で、目標と成果指標から構成されます。OKRの特徴は、「大胆な目標」と「目標へのフォーカス」です。ムーンショットと呼ばれるストレッチした目標にフォーカスすることで、革新的なアイデアや前例のないアクションを生み出せるでしょう。

Objectivesは、野心的でワクワクするような定性的目標を1つ立てます。時間の制約（通常は四半期）を設けて、各組織が独立して実行できるようにします。

Key Resultsは、Objectivesを具体化した定量的指標です。達成可能ではあるが、高難易度になる数値目標を3つほど定めるとよいでしょう。たとえば、売上、サイトスピード、エンゲージメントなどの定量的な数字を用いて測定します[*32]。

OKRは、経営から各部門、チームからチームメンバーまでのObjectivesを連鎖させます。「経営から」といっても、トップダウンでObjectivesを作るのではなく、ボトムアップでも作成しなければなりません。それによって発生するトップダウンとボトムアップのコンフリクトを解消することで、組織として1つの目標に向かえようになるのです。

図5.3.9　**OKRの連鎖**

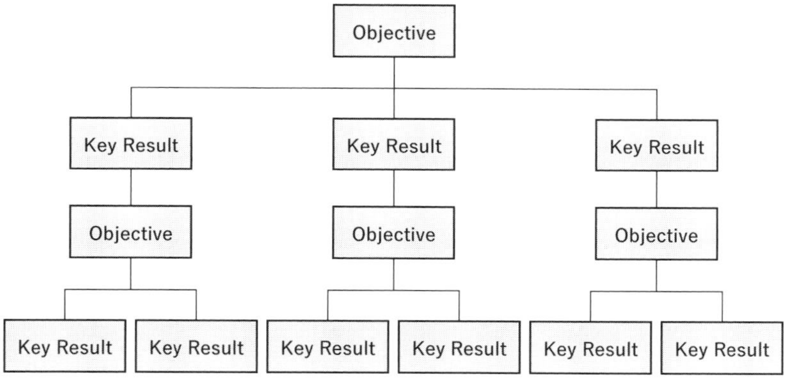

OKRの評価は、Key Resultsを定量評価して、その結果からObjectivesを評価します。Key Resultsの中には、実行したか否かのイチゼロや、複数の要素で構成されるKey Resultsも存在するでしょう。重要なのは厳密な採点ではなく、チームが実態を把握して、一貫した評価方法を用いることです。

OKRは、高い目標を目指します。そのため、達成率はおおよそ6割から7割になるでしょう。7割達成できたら成功といえるくらい、大胆な目標を掲げることに意味があるのです。OKRはただの目標管理ではなく、達成困難な目標に組織と個人をフォーカスするためのフレームワークといえるでしょう。OKRを用いることで、本来成し遂げられないことが実現できて、イノベーションが生まれるかもしません。

＊32　すべての目標はなんらかの形で測定可能ですが、測定にかかるコストに見合うかどうかは確認が必要です。

OKRの導入は、全社のOKRを作ってから組織全体に公開することが推奨されます。全社のOKRを作れない状況下では、1つのチームで導入することや、プロジェクト単位で導入することも可能です。

OKRの導入初期は、OKRを達成できずに失敗するかもしれません。なぜなら、組織として目標を達成する難しさにプラスして、野心的な目標が目標達成難易度を上げるからです。失敗したとしても、その事実と向き合い学ぶことで、次のOKRはきっと成功するでしょう。

KPIマネジメント

指標管理手法として、KPIマネジメントがあります。KPI（Key Performance Indicator）とは、成功の鍵となる数値、いわゆる**重要業績評価指標**のことです。KPIは、KGI（Key Goal Indicator）と、CSF（Critical Success Factor）をもとにして作られます。

KGIまでのプロセスをCSFが表し、CSFを数値化したものがKPIになります。KGIへのプロセスが明確になることで、何をするべきかわかるようになり、各組織の判断で行動ができるようになるでしょう。

- **KGI** — 重要目標達成指標。最終的な数値目標であり、組織のビジョンや目標を定量化した指標。最終目標、あるいはゴールを達成したのかを明確にする。
- **CSF** — 重要成功要因。KGIの達成にクリティカルヒットする要因。CSFは複数存在することもある。
- **KPI** — 重要業績評価指標。CSFを具体的な数値にしたものがKPIになる。1つのCSFに対して複数のKPIを設定する場合がある。

図5.3.10 **KPIマネジメントの構造**

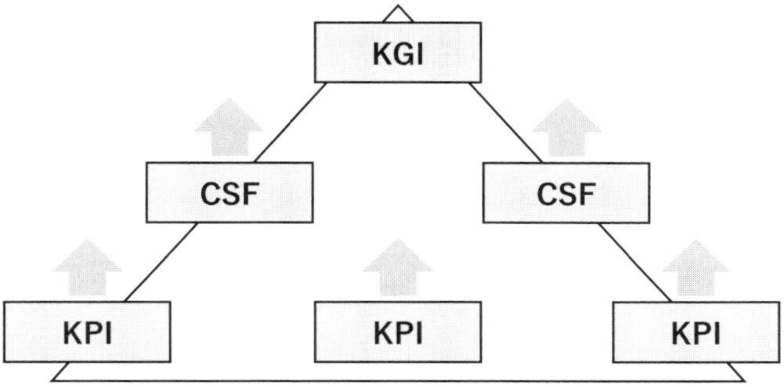

KPIマネジメントは、KPIの設定だけではなく運用も行います。定期的にKPIの達成度を測定し、KGIへの影響を確認します。KPIの達成に課題があれば対策を講じて、KGIに対する効果がない場合は、KPIの再設定も必要でしょう。

KPIを軸にPDCAサイクルを回して、KGIを目指していくことが、KPIマネジメントになります。

ビジョンによるマネジメント

戦略の実行には、目標によるマネジメントとともに、ビジョンによるマネジメントも必要になるでしょう。ビジョンとは、組織にとってのありたい姿のことです。組織のビジョンを描くことで、従業員はビジョンを目指して能動的に行動するようになります。

ビジョンによるマネジメントは、ビジョンを描いただけでは何も起きません。なぜなら、ビジョンは単体で機能するものではないからです。ビジョンは、組織の文化から生えてくる木のようなものであり、それを支える環境が必要です。ビジョンを支える環境には、ミッションやバリュー[*33]があります。

＊33 ほかにも経営理念、企業理念、社是などもあります。これらは、ミッション、ビジョン、バリューのどれかを表現しています。

- **ビジョン** — 将来のありたい姿。理想像。
- **ミッション** — 企業が果たすべき使命。存在意義。
- **バリュー** — 組織の価値観。

「どこへ向かうのか」をビジョンが標し、「なぜそこに向かうのか」をミッションが示し、「どのように行動するか」をバリューが表します。そして、「いかにして進むのか」を戦略によって具体化します。

ビジョンを描くといっても、将来は不確実なものであり、どうなっているかはわかりません。したがって、ビジョンを描くには、将来を予測するのではなく、創り出すと考えるのがよいでしょう。

例として、ヘンリー・フォードのエピソードを紹介しましょう。彼が自動車を生み出したとき、自動車は世の中に存在していませんでした。「**もし顧客に、彼らの望むものを聞いていたら、彼らは"もっと早い馬が欲しい"と答えていただろう**」とフォードがいうように、自動車を知らない人は「自動車をほしい」とは言いません。交通手段が馬車の時代に、自動車を作ろうとするのは、ビジョンを描くことにほかなりません。フォードは、将来を予測するのではなく、将来を創り出したのです。

ビジョンには、思い描いた状態へと未来を変えていく力があります。マネージャーは、常に数年後の未来を描かなければなりません。描いたビジョンは、組織にメッセージングをすることで、組織にとっての羅針盤のようになるでしょう。

ビジョンコミュニケーション

メッセージングというと簡単に思うかもしれませんが、一度言ったら伝わるというものではありません。メッセージによって、伝えたいことを聞き手に対して正確に届けるのは難しく、届いたとしても聞き手が記憶しようとしなければ忘れてしまいます。

メッセージングをするには、いくつかの工夫が必要になります。たとえば、経営者がいつも同じ話をしていたという経験はないでしょうか。経営者が、同じ話を何度もするのには、理由があります。何度も語ることで、しっかりとメッセージを伝えたいからです。従業員からは、しつこいと言われているかもしれませんが、しつこいほど言って初めて伝わるのです。

このような、ビジョンを伝えるためのメッセージングやコミュニケーションのことを、ビジョンコミュニケーションといいます。ビジョンコミュニケーションにおけるメッセージング経路には、直接的メッセージングと間接的メッセージングの2つがあります。

直接的メッセージングとは、対象に対して自分自身で直接的にメッセージングすることです。全社集会・対話・メールなどで自らメッセージを発信します。

間接的メッセージングとは、第三者や媒体を利用して間接的にメッセージングすることです。人づてに伝える・メディアの取材記事・社内ドキュメントなどでメッセージを発信します。

メッセージングというと、直接行うべきと思うかもしれませんが、間接的メッセージングによって人づてに話を聞くことで、メッセージを信じやすくなる効果があります。一方で、人づてに伝わることで、本来伝えたいこととは異なるメッセージングがされることもあるでしょう。重要なのは、2つの経路を理解して使いこなすことです。

ビジョンコミュニケーションを、効果的に行っていくための要件としてKotterが提唱したものを取り上げます。先に述べた同じ話を何度もすることも、要件の1つです。

- **簡明さ** — 専門用語、技術的専門言語の使用は極力避ける
- **比喩、たとえ、実例** — 眼に見える姿を示すことは千の言葉に勝る
- **さまざまな形のコミュニケーション手段を活用する** — 大規模なミーティング、小規模なミーティング、メモと社内報、公式、非公式の会話といったあらゆる機会をとらえてコミュニケートすることによって、効果的にビジョンを伝えていくことができる
- **繰り返して伝える** — 何度も耳にして、やっとアイディアが人々の心に深く浸透する
- **リーダーが模範を示す** — 経営幹部がビジョンと相反する行動を示すことによって、ほかのコミュニケーション手段を通じて伝えられたメッセージが決定的に信用を失うこととなる
- **言行不一致への対応** — 経営幹部の言行不一致を問題として取り上げない場合にはすべてのコミュニケーションの努力が水泡に帰す

- **双方向のコミュニケーション** ― 双方向のコミュニケーションは、一方通行のコミュニケーションに比べて、つねに大きな成果を生む

「企業変革力」(Kotter, J.P. 梅津祐良訳. 2002. 日経BP社. p.150)より引用

このように、ビジョンは描くだけではなく、語らなければなりません。ビジョンを語り実行し続けることで、いつかそれが組織の物語になり、組織の文化が形成されていくでしょう。

5-4. 組織デザイン

組織設計することを、組織デザインといいます。組織デザインは、単に組織を設計するのではなく、従業員一人ひとりの能力を最大限に発揮して、目標・予算など戦略の実行ができる組織構造を考えることです。「組織は戦略に従う」が、ここで実践されます。

組織デザインでは、組織構造だけではなく人員配置も考えなければなりません。組織構造に適切な人材を探すには、次に挙げる2つの方法が考えられます。

1つは、異動です。異動とは、地位や職務が変わることです。自社の人材プールから適材適所へ再配置をします。業務指示として異動するほかに、社内公募や社内FAなど社員が自ら手を挙げて異動する制度もあります。

もう1つは、採用です。採用とは人材を新たに雇うことです。労働市場から適した人材を獲得できますが、採用には数か月の時間が必要になるでしょう。そのため、採用は長期的な戦略に用いられます。

図5.4.1　目標・予算と組織デザイン

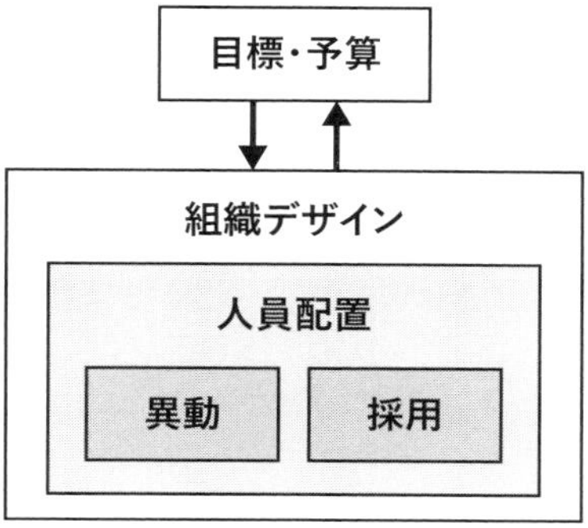

人員配置したい人材が不足している場合は、組織構造を現状に合わせて調整することもあるでしょう。あるいは、人選から始めて、その後に目標を選ぶことがあるかもしれません。組織デザインをどのように進めようとも、戦略を実行する組織、組織に属する個人までも考慮した設計が必要です。

チームをデザインする

戦略を実行するためのチームを作るには、2つの方法があります。1つは、目標からチームを作ること。もう1つは、既存チームの目標を変更することです。

目標からチームを作ると、目標を達成するのに最適なチームを作れますが、チームの人間関係を一から構築する必要があるため、チームの立ち上げに時間を要するでしょう。

既存チームの目標を変更すると、機能するチームをすぐに作れますが、目標に対して最適な人員配置にならないことがあります。

チームの人数も、目標によって適正人数が異なります。「単純で専門性が低い業務」ほどチーム人数を多くでき、「複雑で専門性が高い業務」ほどチーム人数は少ないほうがよいでしょう。これには、次に挙げる理由があります。

第一に、「複雑で専門性が高い業務」は、チーム内のコミュニケーションを必要とします。情報共有や意見を出し合い、チームメンバーが協力することで、業務を遂行できるのです。したがって、チーム人数が増えれば増えるほど、コミュニケーションチャネルが指数関数的に増えてしまうでしょう。

第二に、マネージャーがマネジメントできる人数に限界があります。これを、スパン・オブ・コントロールといいます。「単純で専門性が低い業務」は、マニュアルなどで簡単に指導できますが、「複雑で専門性が高い業務」は個別指導が必要です。さらに、チームメンバーの専門性を高めるためには、常に学びをサポートしなければなりません。

このことから、「複雑で専門性が高い業務」は、マネジメントに要する時間が多くなり、スパン・オブ・コントロールは小さくなります。エンジニアリングチームにおけるスパン・オブ・コントロールは、多くても10名ほどが限界になるでしょう。

エンジニアリングチームのデザイン

組織構造に基本型があるように、エンジニアリングチームにも基本型が2つあります。1つは、特定の技術領域やシステムを扱う**コンポーネントチーム**です。もう1つは、顧客のための機能を1つずつ完成させる**フィーチャーチーム**です。

コンポーネントチームとフィーチャーチームの特徴には、**リソース効率**と**フロー効率**のどちらを重視しているかという違いがあるでしょう。リソース効率とは、リソースを有効に使うことであり、リソースの稼働率などがそれにあたるでしょう。フロー効率とは、顧客のニーズを満たすまでの早さのことで、リードタイムなどに着目します。

リソース効率を重視する場合は、コンポーネントチームを組成します。たとえば、対象とするシステムのコンポーネントや、フロントエンド／バックエンドエンジニアという職能でチームを作ることがあるでしょう。コンポーネントチームは、複数のプロジェクトに必要なタイミングでアサインできるので、チームの稼働率を高められます。使い慣れた技術領域での開発をするチームは、効率よく開発ができるため、リソースを有効に使えることにもなるでしょう。一方で、コンポーネントチームがプロダクトの価値提供までを実行するのは難しいものです。機能開発の過程においては、他チームとの協働が必要です。そのため、例外案件やコミュニケーションコストが発生することで、リードタイムが長くなりフロー効率は低下します。

これに対して、フロー効率を重視する場合は、フィーチャーチームを組成します。フィーチャーチームは、フロントエンドエンジニアやバックエンドエンジニアなど複数の職能を織り交ぜるので、機能開発におけるフロー効率が向上するのです。たとえば、ログイン機能を開発する際に、ログイン機能に関するすべての開発をフィーチャーチームが行います。複数の職能が互いに協力して1つの機能開発を行うため、機能開発におけるコミュニケーションコストが少ないのはもちろん、リードタイムも少なくなります。しかし、機能開発を推し進めるためには専門外の技術領域にも踏み込むので、リソース効率は悪くなるでしょう。

図5.4.2　**コンポーネントチームとフィーチャーチーム**

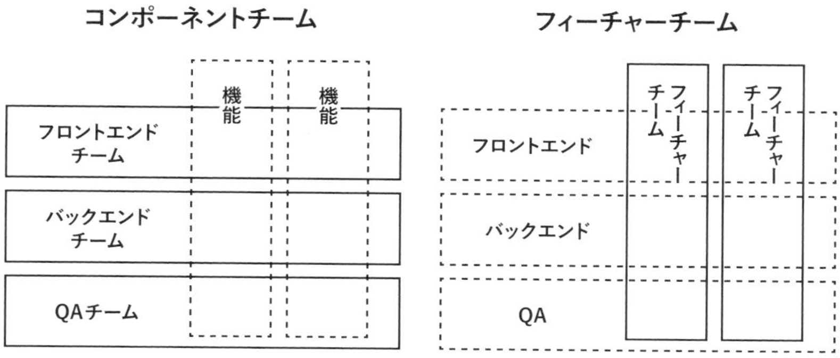

エンジニアリングチームのデザインは、これらのチームを組み合わせて、組織全体のプロセスやコミュニケーションパスなども考慮して行います。

効率性を上げる

コンポーネントチームやフィーチャーチームを作ったからといって、必ずしもリソース効率／フロー効率が良いチームになるとは限りません。効率の高低を分類した「効率性マトリクス」を用いて、チームの効率性はどこに属しているか考察してみるとよいでしょう。

図5.4.3　**効率性マトリクス**

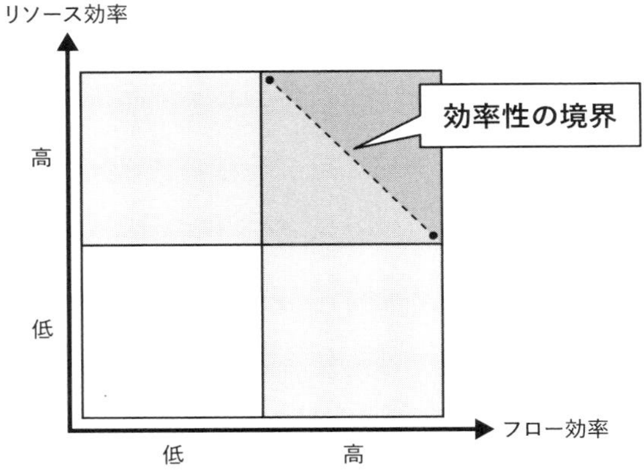

チームの効率性が低ければ改善が必要です。リソース効率は、タスクマネジメントに注力したり、業務の訓練をしたりすることで改善できます。フロー効率は、プロセス改善や業務の標準化などで高められます。これらを、チーム自らが学び改善し続けると、それぞれの効率をより高められるでしょう。

リソース効率とフロー効率を最大限にして、効率性マトリクスの右上隅を目指したいところですが、残念ながら到達することはできません。なぜなら、効率性には顧客やマーケットからの需要とリソースの供給という変動要素があり、これらを完璧に予測することが困難だからです。これを、効率性マトリクス上では「効率性の境界」として表現します。

効率性の境界よりも上に行くことはできませんが、どの方向を目指していくのか、どこに位置取りするかは戦略的に考えなければなりません。

フィーチャーチームかコンポーネントチームか

アジャイルの時流では、特定のコンポーネントにとらわれないフィーチャーチームを重宝しますが、コンポーネントチームも組織には必要です。

コンポーネントチームは、組織に対して特定の専門性で横串を通します。したがって、組織として専門性を高めたい、あるいはコンポーネントの目的を達成するのに最適なチームになるでしょう。

フィーチャーチームが、プロダクトマネージャーなどと協働すると、プロダクト型組織にすることもできます。プロダクト型組織では、プロダクト開発におけるフロー効率をさらに向上できるでしょう。また、プロダクトを重視したフィーチャーチームは、機能のデリバリをするだけではなく、プロダクトの価値を提供するためのチームになるでしょう。これは、しばしばプロダクトチームと呼ばれます。

一方で、どのようなチームを作るかという判断は、意外に難しいものです。たとえば、スマートフォンアプリケーションエンジニアによるコンポーネントチームを構成したほうが良いときもあれば、フィーチャーチームに配置したほうが良いときもあるでしょう。これは、プロダクトや組織の戦略にも左右されるものです。

マトリクス組織のように、フィーチャーチームとコンポーネントチームをクロスできるかもしれませんが、組織の複雑さが増してしまいます。行と列でそれぞれの指揮系統を持つことで、意思決定者が複数人になり混乱が起きやすく、「命令の一元性」や「指揮の一元性」という管理原則にも反する可能性もあります。何にしてもシンプルではありません。

これに対してどうするべきでしょうか。それには、前提にある「組織の機能」と「プロダクトのマーケット」の関係を理解しなければいけません。

エンジニアリングチームのデザインは、機能とマーケットへの適応能力を選択することでもあります。コンポーネントチームほど機能（あるいは、システム）の適応能力が高くなり、フィーチャーチームほどマーケットへの適応能力が高くなるでしょう。

図5.4.4　**マーケットと機能と組織の関係**

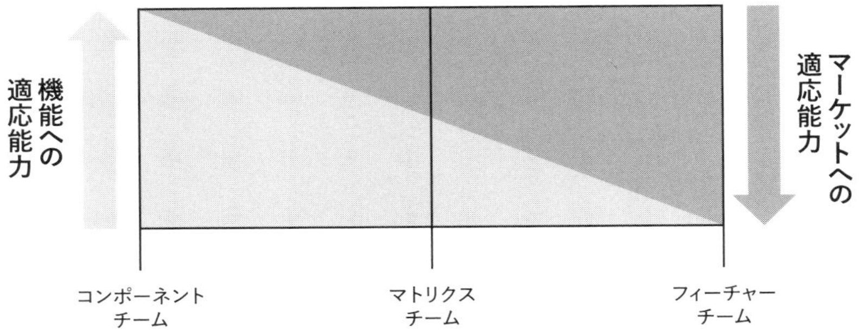

機能への適応能力を取るのか、マーケットへの適応能力を取るのか、あるいは複数のチームを組み合わせて、組織全体のバランスを取るのかを総合的に判断しなければなりません。

逆コンウェイ作戦

エンジニアリングチームのデザインには、システムアーキテクチャが深く関係します。それは、コンウェイの法則のとおり、組織構造がそのままシステムアーキテクチャになるためです。

コンウェイの法則を逆手に取って、システム設計をもとに組織を組成する**逆コンウェイ作戦**という考え方があります。逆コンウェイ作戦は、最初にシステムアーキテクチャを決めて、システムアーキテクチャに合わせてチームを組成します。

図5.4.5 逆コンウェイ作戦

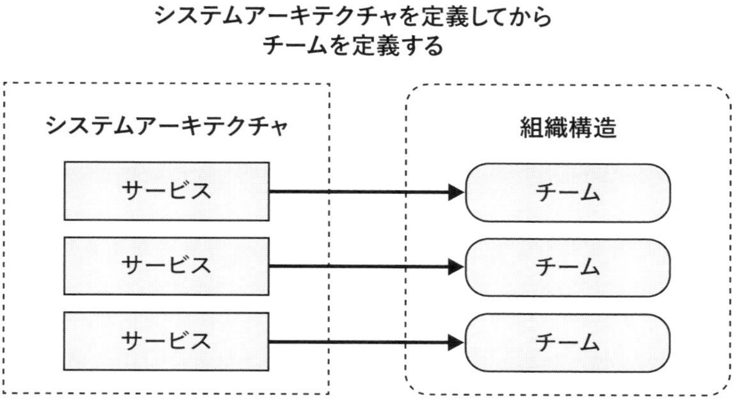

逆コンウェイ作戦を用いることで、戦略にとって最適なシステムアーキテクチャが実現できるとともに、システムアーキテクチャに最適なチームが組成できるのです。

たとえば、システムアーキテクチャをマイクロサービスに移行する場合を考えてみましょう。まずは、サービス分割を定義します。次に、サービス分割の定義に合わせて、チームを分割します。分割されたチームは、チーム同士のコミュニケーションが疎結合になり、システムも疎結合にならざる得なくなるでしょう。そして、自ずとサービス間でインタフェースが定義され、独立したサービスになるのです。

これに対して、1つのチームが複数のサービスを担当した場合、密結合なコミュニケーションができてしまいます。それゆえに、随所で密結合なマイクロサービスになってしまうか、モノリシックなシステムアーキテクチャのままになってしまうでしょう。

システムアーキテクチャは、戦略の実現に大きな影響を及ぼすため、重要な決定になります。組織とともにシステムアーキテクチャを設計することは、エンジニアリングマネージャーの努めです。

組織デザインは決断

組織デザインは、組織能力や人間関係などに深く関係します。分業の定義もするので、従業員が仕事で経験することがおおむね決まります。さらに言えば、組織内のコミュニケーションネットワークを組織デザインにどう反映させるか、どのようなシステムアーキテクチャにするかまでも考えなければなりません。

このように、組織デザインで考慮するべきものが数多く存在しているため、全員が合意することはありません。賢明な合意を目指すことはもちろんですが、最終的には組織変更を断行することも辞さない強い意志を持ちましょう。

また、組織デザインは良いチームを解体しかねないことも理解してください。良いチームを解体して新しいチームを組成しても、チームのフェーズは形成期からはじまります。チームの解体によるコストは、どれくらいになるでしょうか。チームの育成にも、貴重な経営資源が投資されていることを忘れてはなりません。

5-5. 決断せよ、マネージャー

「マネージャーの仕事は意思決定」と言われるように、マネージャーの業務は意思決定の連続です。組織デザインのような大きな決定から、小さな決定まで多岐にわたります。しかし、1つの決定に要する時間は限られていて、意思決定に時間をかけていると、何も決まらないまま時が流れてしまうでしょう。「相談してから決めよう」というその瞬間に、リードタイムが生まれているのです。

「*It's easier to ask forgiveness than it is to get permission.* **（許可を得るよりも許しを求めるほうが簡単）**」という言葉があります。これは、正しいと思う選択のために許可を得るよりも、間違えていた際に責任をとるほうが簡単だと伝えています。すべてに対して許可を取っていると、物事はスピーディーには進みません。マイクロマネジメントを助長することにもなりかねません。責任を負える範囲に限っては、許可を取らずに意思決定をするのは良い選択です。

時間をかけても良い決定にはならない

意思決定とは、複数の案から1つを選択することです。1つを選択するときは、1つの案にYesを出して他方にNoを出します。一度限りの決定になりかねないため、情報を集めてから慎重に決定したいと考えるでしょう。

では、時間をかければ正しい決定ができるかというと、そうでもありません。情報を集めれば集めるほど、情報量が増えて意思決定ができないこともあります。長考せずに素早く決定して実行すると、その分結果が出るのも早くなります。

投資した時間と意思決定による結果の良し悪しは相関関係ではありません。意思決定では、今ある最良の選択を即座に決断することが求められているのです。

また、意思決定を行わないことも、意思決定をしていることになります。何かの選択に迫られたとき、たとえば会議でA案かB案を決めるシーンがあったとしましょう。迷った結果、「もう少し考えてから決める」と言って、決定を見送ったとします。この瞬間に、決定を見送るという新案を提案して、決定までしていることになります。すなわち、決定を見送るという意思決定を行っているのです。決定をしていないから、何も変わらないと安易に考えてはいけません。決定までの時間を余分に失うとともに、時間が経つことで状況も変わってしまうでしょう。

あえて決定を遅延させるという考えもあります。アーキテクトが用いる思考法で、アーキテクチャの決定を遅延させることにより、調査や探求の時間を確保します。アーキテクチャにおける不可逆な決定は、とりわけ慎重になる必要があるためです。遅延させるといっても際限なく遅延させるのではなく、最終的に判断が必要な時点、いわゆる最終責任時点に到達してから蓄積されてきた情報をもとに決定を行います。

決定を遅延させる場合は、遅延させることが最善の決定なのかを考えてから選択するとよいでしょう。

意思決定の責任と権限

意思決定を行う際に、自分が決めていいのかと思ったことはないでしょうか。その責任範囲が業務分掌に記載されていればよいのですが、すべての業務が定義されていることはありません。そのため、意思決定の過程では「上司に確認しないと不安」「みんなで決めたい」など、意思決定を阻害する心理が働いてしまうでしょう。

意思決定には必ず責任が伴います。マネージャーは、意思決定をする権限とともに責任を有し、失敗した際は責任を取ります。そのため、決定前に失敗することを覚悟しなければなりません。

一方で、失敗が必ずしも失敗とも限りません。失敗は、その選択が誤っていたという新しい気づきを与えてくれるでしょう。失敗を恐れて何も決定しないより、高速に意思決定をして失敗するほうがよほどよいでしょう。失敗したら誰かが何かを言ってくるなど気にすることはありません。誰だって後からでは何でも言えるのです。

意思決定を高速に行うためには、責任と権限を認識しなければなりません。責任と権限はセットであり、職務を履行するための権限がなければ、責任を果たすことはできません。これを、**権限責任一致の原則**といいます。

自分の権限と責任を認識できると、自分で決めるべきものが、わかるようになります。権限と責任について上司などと議論することで、共通認識も作れるでしょう。共通認識ができると、意思決定を高速にできるようになります。

第6章
人材の成功にコミットする

マネージャーの重要な業務の1つに人材育成があります。ここでは人材採用と人材評価にフォーカスして解説します。

人材採用は、人材育成のはじまりです。マネージャーは、採用した人材が成果をあげるように支援をして、成果を評価することで成長を促します。そのため、マネージャーはこれらプロセスを理解して、使いこなせるようになるとよいでしょう。

第6章で学ぶこと

- 人材採用における全体プロセス
- 採用面接の手法
- 人事制度の全体像
- 評価制度と評価プロセス
- 評価フィードバックの方法

6-1. 人材採用の進め方

人材採用の目的は、戦略における人員配置を実現することです。

注意したいのは、人材採用それ自体は手段であり目的ではない点です。同時に、手段とはいっても、人材を新たに雇うことは難しいものです。エンジニアの採用市場は、求人倍率が数倍という時代が続いています。経済産業省の調査[*34]によると、2030年にかけてさらにエンジニアが不足すると予想されます。そのため、各社がエンジニア採用に力を注ぐ状況は、今後も続くことになるでしょう。企業によっては、エンジニア採用が最優先の課題になることもあります。

採用市場の競争に勝つためには、採用戦略が必要です。採用市場における外部環境と内部環境を分析し、競争優位性を議論して、採用戦略を作り

＊34　出典：文部科学省.(2018).IT人材需給に関する調査.

ます。そのためには、人材採用における全体プロセスの理解が必要です。

応募者プロセス

応募者からみた選考プロセスは、①認知、②応募、③選考、④内定、⑤入社という流れになります。応募の前に、認知というプロセスがあることに注目してください。求職者が企業の存在を認知することから、応募者プロセスが始まっているのです。認知から入社に至るまでに、応募者が比較する企業の数は減っていき、最終的には1社に入社します。

図6.1.1 **応募者のプロセス**

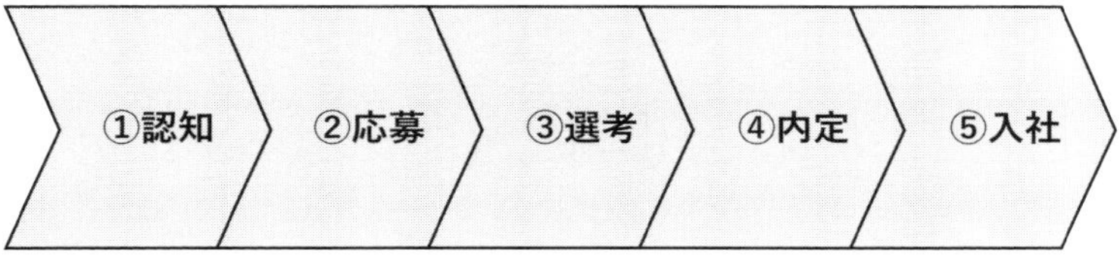

もちろん、応募者は認知をした企業にしか応募ができません。応募が少ないという企業は、認知に課題を抱えている可能性があります。認知されたとしても、応募に至るまでの競争も激しいでしょう。応募者は、複数の企業を比較して、魅力を感じた企業にのみ応募をします。応募されなかった企業は、比較されていたことを知る由もなく、競争に敗れているのです。

応募者は、どのような人物でどのような行動をしているのでしょうか。それを知ることが、環境分析になります。たとえば、応募者のペルソナを作ることで、共通認識を形成して考察ができるようになるでしょう。ペルソナとは、特定の行動や特徴を持つ人々のステレオタイプです。つまり、企業採用における応募者の代表格といえる人物像です。たとえば、名前やデモグラフィック情報などを設定して具体的な人物像を作ります。

図6.1.2　人材採用のペルソナ

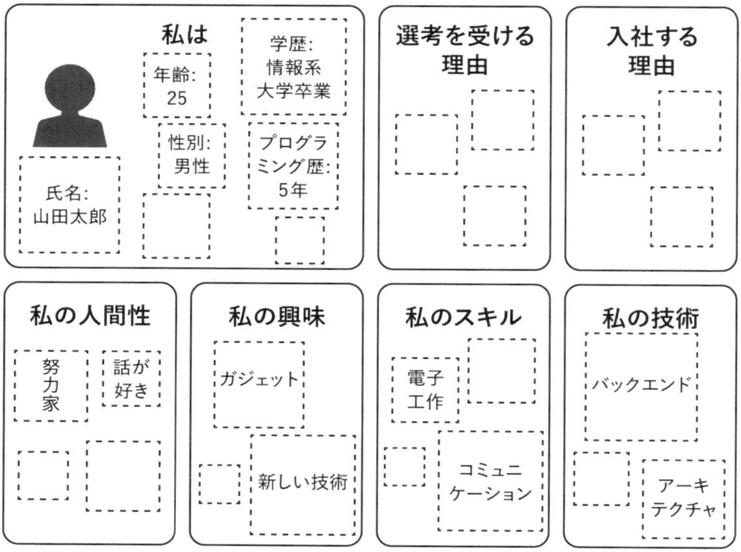

ペルソナによって、応募者がどのような人物なのか明らかにしたら、その人物はどのように行動するのかを分析します。これは、カスタマージャーニーで表現できるでしょう。カスタマージャーニーとは、顧客が購入に至るまでの一連の体験を旅に例えたもので、応募者プロセスも応募者にとっての旅といえます。

旅を可視化するためには、カスタマージャーニーマップを使いましょう。カスタマージャーニーマップによって、ペルソナの行動や感情を時系列で俯瞰ができ、課題や機会が見つかるはずです。

図6.1.3　**人材採用のカスタマージャーニーマップ**

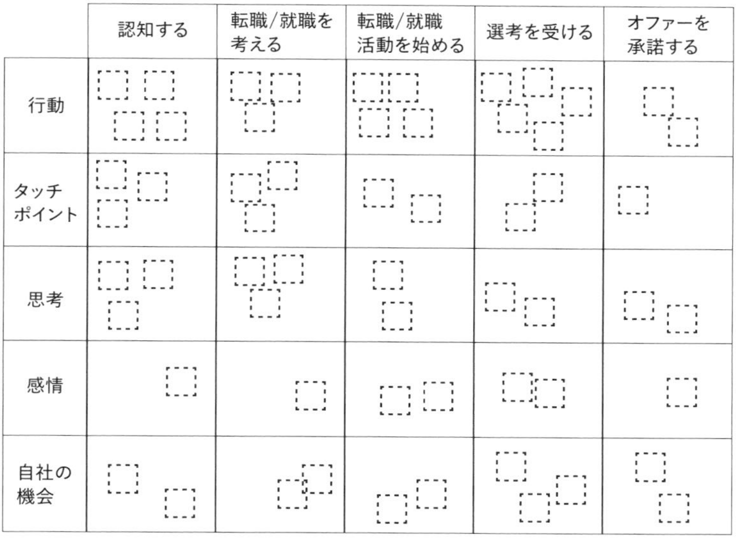

これらの取り組みから外部環境、内部環境が見えてきます。これをもとに、マーケットにおける競争優位性を確立するにはどうするかを議論します。

人材採用プロセス

人材採用プロセスは、営業プロセスに似ています。営業は、①マーケティングで認知拡大し見込み顧客（リード）を獲得、②インサイドセールス[*35]がリードの購買意欲を高め商談につなげる、③フィールドセールス[*36]が商談をして受注する、④カスタマーサクセスが顧客を成功に導くというプロセスになります。

＊35　相手先を訪問しない内勤型営業のことであり、メールや電話、ビデオ会議などを用いて顧客とのコミュニケーションを行い、リードを育成する役割です。

＊36　相手先を訪問する外勤型営業のことであり、顧客と直接商談をして受注へとつなげる役割です。

図6.1.4　**営業プロセス**

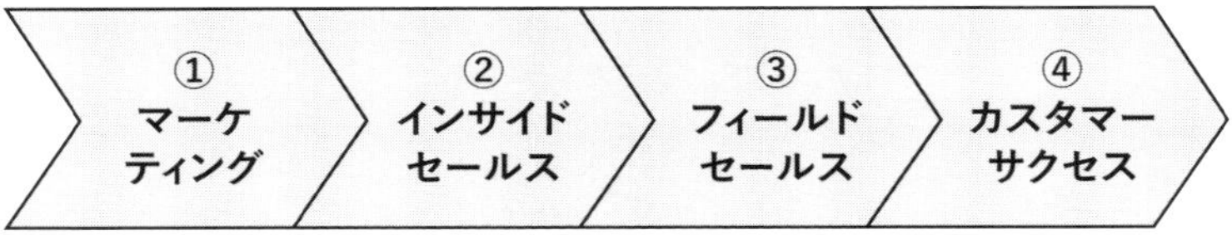

営業プロセスを採用プロセスに置き替えると、似ていることがわかるでしょう。人材採用プロセスは、①マーケティングで認知拡大し見込み応募者を獲得、②インサイドセールスが見込み応募者の応募意欲を高め応募につなげる、③フィールドセールスが選考し内定する、④カスタマーサクセスが社員を成功に導くになります。人材採用は、入社したら終わりではないのがポイントです。カスタマーサクセスのような役割の人が支援することで、社員としての成功だけではなく勤続やリファラル採用にもつながります。

人材採用プロセスにおいて、マネージャーが担うものは多くあります。その具体的な活動は、次のようになるでしょう。

図6.1.5　**人材採用プロセス**

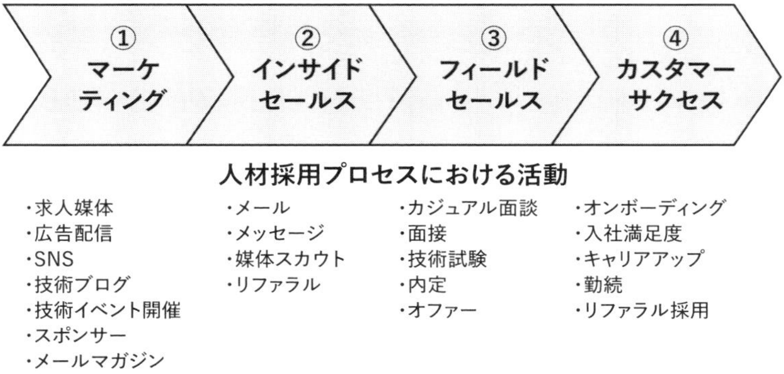

営業プロセスでは、各プロセスで獲得した顧客数が、次のプロセスの母数になります。マーケティングによって顧客数を増やし、各プロセスの獲

得率を上げ、獲得した顧客により長くより多く使ってもらうことを重視します。これは、人材採用プロセスも同様であり、獲得率や応募率などの数値が重要になるでしょう。

図6.1.6　**人材採用プロセス数値**

人材採用プロセスにおける数値

母集団	見込み応募者数	応募者数	入社者数
×	×	×	×
獲得率	応募率	選考通過率	定着率
＝	＝	×	＝
見込み応募者数	応募者数	内定承諾率	リファラル数・勤続年数
		＝	
		入社者数	

これらの数値を分析して改善することが、人材採用プロセスの基本になります。

- **母集団数** ― 認知を高めることで、母集団形成につながる。ブランドマネジメントを行い、潜在的な求職者に自社を認知させることで、「獲得率」が向上する。
- **獲得率** ― 母集団から、社員になる可能性が高い「見込み応募者」を獲得する。SNSでの相互フォローや、自社メールマガジンへの登録などにより、見込み応募者にインサイドセールスができるようにする。
- **応募率** ― 企業説明会やスカウトメールなどによって、「見込み応募者」に選考応募をしてもらう。ブランドマネジメントとともに、応募の入り口（求人媒体、エージェントなど）を増やすことが効果的。
- **選考通過率（書類選考）**― 応募者を選抜するためにスクリーニングをする。書類選考通過率は、高ければよいというものではない。高すぎるとスクリーニングが甘く、低すぎると適切な母集団にリーチできていない可能性がある。

- **選考通過率（面接）**— 何回目の面接かで通過率は異なる。書類選考と同様に、高ければよいというものではない。面接のステップ中に、技術試験を実施することも多い。
- **内定承諾率** — 高ければ高いほどよい。内定承諾率が低い場合には、オファーの内容に問題がある。内定辞退は、競合企業との採用競争に敗れたことを意味する。

マネージャーは、面接担当になることが多々あります。そのため、マネージャーは「面接でどのように振る舞うべきか」「どのように面接を行えばいいか」を理解していなければなりません。面接について、次項で少し掘り下げてみましょう。

面接担当は責任重大

面接担当は、応募者にさまざまな質問をすることで、思考性やスキルなどが採用基準に達しているか否かを判断します。そのための情報を得るには、コミュニケーションスキルが役に立つでしょう。応募者から具体的な話を引き出すために、「開かれた質問」などの傾聴技法を使います。回答を、チャンクダウンすることでコンテクストを明確にしたり、水平チャンクをすることで別の一面を確認したりできます。このような質問を用いることで、候補者をより理解できるようになるでしょう。

面接は、限られた時間の中で、求めている人材かどうかを判断しなければなりません。時には、組織に適合しない人材を採用してしまうこともあるでしょう。その場合、退職コストもさることながら、組織の文化が破壊され、組織の成果が下がることも起きかねません。したがって、面接担当は慎重に検討を重ねて合否を出します。

面接では、企業が応募者を一方的に評価するのではなく、応募者が企業を評価していることも、忘れてはなりません。応募者は、面接をとおして企業の良いところや課題を理解して、配属チームで働くイメージと業務への期待をすり合わせます。面接担当の対応によって、これらは良くも悪くも見えてしまうでしょう。そのため、面接担当は準備をしっかりと行って、面接に臨んでください。

行動面接

応募者の「具体的な行動とその結果」について確認する面接手法を、行動面接といいます。**行動面接**[*37]では、応募者が実際に起こした行動だけを信じて分析します。なぜ行動だけに着目するかというと、①人は自らを理解していない、②回答は取り繕えることがあるからです。たとえば、「あなたの強みは何ですか」という質問では、応募者はいかようにも回答ができてしまいます。口がうまい応募者であれば、なおのことでしょう。

行動面接は、過去に起こった出来事を語ってもらいます。たとえば、大きな成果や困難だった課題などを語ってもらうとよいでしょう。面接担当は、応募者の話すストーリーがより具体的になるように質問をします。候補者から完全なストーリーを引き出すまで、以下のような質問を重ねます。

- 「どのような状況でしたか？」「なぜそうなったのですか？」
- 「誰が関与していましたか？」
- 「そのとき、何を思いましたか？」「何をしようと思いましたか？」
- 「実際にどう言いましたか？」「実際にどう行動しましたか？」
- 「どのようになりましたか？」「何が起きましたか？」

面接担当は、応募者のストーリーに対して、誘導的な質問をしたり、要約して結論を出したりしてはいけません。候補者のストーリーが、過去の事実とは異なるものに書き替えられる恐れがあるからです。

面接から得られた情報を分析することで、応募者の行動特性を確認できます。行動の背景に、応募者の考えが見えるようになるでしょう。過去の行動こそが、本当の応募者であり入社後の姿です。

構造化面接

構造化面接とは、応募者全員に対して、同じ質問をして同じ基準で評価する面接です。評価項目を明確にして、どのような行動を評価するべきかを定義します。面接担当は、事前に用意していた質問をして、回答を評価

＊37　STAR面接とも呼ばれます。STARとは、Situation（状況）、Task（職務）、Action（行動）、Result（結果）の頭文字です。

基準にプロットします。構造化面接には、次に挙げる効果があるでしょう。

- 面接内容が、面接担当の面接スキルに左右されなくなる。
- 面接結果を評点化しやすく、面接担当による評価のブレ幅を小さくする。
- 面接の準備から評価に費やす時間を削減する。

構造化面接の評価には、ルーブリック（評価基準表）を用いることがあります。ルーブリックがあると、構造化面接の特性をさらに活かせるでしょう。たとえば、「解決が困難だったインシデントのエピソードを教えてください」という質問に対して、次のような評価基準を設けます。これにより、応募者の回答をより正確に評価できるようになります。

表6.1.1　**ルーブリック**

	非常に悪い	悪い	良い	非常に良い
責任感	インシデントを人のせいにしていた。	インシデント対応を途中で放棄した。	インシデント対応を最後までやり切った。	再発防止を提案して実行した。
調整力	一人で行動していた。	自分のチームの中だけで行動していた。	関係するチームとの連携を取りまとめた。	全体を把握してステークホルダーと対話した。

構造化面接は、すべての面接を構造化するのではなく、一次面接だけ構造化するという使い方もできます。重要なのは、非構造化面接も交えて、応募者の事実を集めることにあるのです。

6-2.
育成のための人材の評価

「人は資産」というように、人材を採用して育成することは、企業の未来を創ることになるでしょう。そのため、企業は人材育成に投資をするのです。

投資というからには、それらの効果測定をするべきだと考えるかもしれません。人材育成による効果というのは、どのように測定ができるのでしょうか。たとえば、ジャック・フィリップスの5段階評価法では、次に挙げる測定レベルが定義されています。

- **レベル1 Reaction** — 学習者に対して、アンケート調査などを行い、研修の満足度を評価する。
- **レベル2 Learning** — 筆記試験やレポート、ロールプレイなどを行い、学習者の学習到達度を評価する。
- **レベル3 Behavior** — 学習者へのインタビューや同僚へのアンケートなどを行い、職務における行動変容を評価する。
- **レベル4 Results** — 学習者の成果や組織の業績が、どのような結果になったか評価する。
- **レベル5 RoI** — 人材育成にかけたコストに対して、得られた利益を評価する。

5段階評価法は、低いレベルの測定なら容易にできますが、高いレベルの測定は難しくなるでしょう。たとえば、マネジメント研修を行ったとして、その効果はレベル3までは測定できます。しかし、レベル4、レベル5へ上がるにつれて、その結果はいくつもの因子からなるでしょう。そのため、効果の測定は困難を要します。利益の因子にいたっては無数に存在するため、マネジメント研修の効果によるものだと言い切ることはできません。

人材育成による投資対効果を、正確に測定することは現実的に難しいものです。そのため、人材育成に投資をするかどうかは、投資対効果によって決めるのではなく、経営のポリシーによって決まるといっても過言ではありません。人材育成の効果を追求するのではなく、どのような人材になってほしいのかを指し示し、人材育成のための戦略を作り、組織が一体となって取り組んでいきましょう。

人材評価の基本

人材育成における重要な機能として、人材の評価があります。人材の評価、いわゆる人事評価とは、「**会社が社員に要求する職務遂行能力の程度、遂行結果、貢献度、遂行態度などを評価し、人事処遇・賃金処遇・人材育成に反映させる基礎的な手段**」と定義されています(日経連, 2002)。

人事評価は、マネージャーが経営者から委譲される経営権の1つです。マネージャーは、人事評価という手段を用いることで、被評価者を育成して、組織の業績を向上させます。

人事評価は、**評価制度**に沿って運用されます。評価制度とは、人事制度の一部であり、人材の能力や業績に対する処遇を定めたものです。人事制度には、評価制度のほかに**等級制度**と**報酬制度**があり、これら3つを人事制度の三本柱と呼びます。**人事制度の三本柱**は、組織における人材マネジメントの中核を担っています。

- **評価制度** ― 評価期間における仕事の成果や取り組みを、行動指標にもとづいて評価する仕組み。評価結果を等級や報酬などの処遇に反映する。
- **等級制度** ― 能力や職務、役割などから、ランクやクラスといったもので社員を序列化する仕組み。等級をもとに評価基準や報酬を定めることがある。部長などの役職とは異なるが、企業によっては役職=等級としていることもある。
- **報酬制度** ― 等級や評価などをもとに、給与や賞与などの報酬を決める仕組み。給与原資、賞与原資などを報酬として配分する。

人事制度の三本柱は、相互に関連性を持っています。たとえば、人事評価の側面から見ると、①等級制度により等級が定義され、②各等級に求める基準で評価をして、③評価結果から昇給額や賞与額、昇格や降格が決定することになります。

人事評価の結果は、被評価者の人生が変わるほどの影響を与えることもあるため、マネージャーは評価の責任を重たく感じることでしょう。「そのような重責は背負いたくない」というマネージャーがいるかもしれませんが、それは職務放棄でしかありません。企業は、企業として社員を評価する必要があり、評価者は直属の上司であるマネージャーが適任です。評価することの一歩目は、人を評価することに対する覚悟を持つところからです。

評価の「ものさし」

評価をするといっても、「気配りができる」「仕事ができる」など、評価者によってさまざまな観点があるでしょう。評価者の観点がばらばらのまま評価をしてしまうと、ある評価者はコミュニケーション力を評価し、またある評価者はコーディングスピードを評価するようなことが起きてしまいます。さらに言えば、好悪によって評価することも起きかねません。

このように、評価の「ものさし」が統一されていないと、企業としての評価ができていないのは明らかです。そこで、評価制度が必要になります。評価制度によって、評価に関するルールや基準が定められて、同じ「ものさし」で評価ができるようになるのです。また、評価基準を明確にすることで、企業にとって何が望ましい行動かを示すことにもなるでしょう。

評価する要素は、①成果評価、②能力評価、③情意評価という3つの評価要素群に分けられます。これらの要素群によって、被評価者を多面評価することで、バランスの良い評価ができるでしょう。

- **成果評価** ― 財務数値の予算達成度や業績評価、目標管理制度による目標達成度評価、成績評価などがある。
- **能力評価** ― 業務に活かせる専門知識や技術などの専門的能力、分析力・計画力・推進力などの業務遂行能力、ほかにもさまざまな能力を評価する。
- **情意評価** ― 職務に対する取り組み姿勢や意欲を評価する。規律性・積極性・責任性・協調性という4つの基礎項目を用いたり、企業のバリューを情意評価に用いたりすることもある。

どの評価要素群を重要視するかは、企業の人事戦略によって異なります。

世の中が年功序列から能力主義、そして成果主義へと移り変わるにつれて、成果を重要視する企業が増えています。しかし、成果主義だからといって成果評価だけを行う企業は少ないでしょう。なぜなら、能力と情意によって成果は生み出されると考えられているからです。

常に高い成果を出すためには、能力と情意が必要不可欠です。これらの評価も処遇に反映させなければ、正しい評価をすることはできません。

評価プロセスの全体像

評価プロセスには、被評価者と評価者はもちろん、評価機関も関わります。評価機関は、役員や社長などの経営幹部による合議体になります。評価プロセスにおいてマネージャーは、一次評価者あるいは二次評価者を担うでしょう。

図6.2.1　一般的な評価プロセス

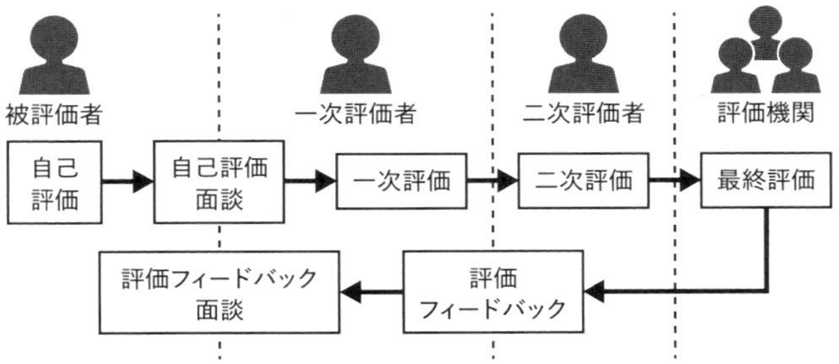

一般的な評価プロセスは、最初に自己評価をします。自己評価とは、被評価者自身で評価をすることです。被評価者が自らの評価基準で評価するのではなく、企業の評価基準に沿って評価をします。自己評価をすることで、職務行動を客観的にふりかえり、評価者の視点で自分を見る機会になるでしょう。

一次評価者は、自己評価結果を面談によって確認します。これを自己評価面談といいます。自己評価面談において、「なぜこの評価にしたのか」を被評価者に問うことで、認識をすり合わせるのです。自己評価に対して、根拠が曖昧なものや理解ができないものは、自己評価面談の中で積極的に質問をしましょう。

次いで、一次評価になります。一次評価者は、評価対象となる事実（評価事実）にもとづいて評価をします。評価事実は、成果やそのプロセスだけではなく、被評価者の行動を日常的に観察することでも得られるでしょう。自己評価の内容から、新しい評価事実を確認することもあるはずです。

二次評価では、一次評価の結果を確認して、評価間違いの修正や甘辛評価の調整をします。したがって、マネージャーの上司など、複数チームのマネージャーが担っているでしょう。二次評価があることで、一次評価者の評価能力に依存する一方的な評価ではなく、多角的な評価ができるようになります。

そして、評価機関によって最終評価をします。評価機関の役割は、個人の評価結果について議論するのではありません。部門ごとの業績貢献度の反映や、二次評価の甘辛調整をするのが目的です。最終評価をもって、昇給・賞与などの処遇が確定します。

評価フィードバックは、評価プロセスにおいて、とりわけ難易度が高いため別の項で詳細を説明します。

評価方法

評価要素群をどのように評価するかは、評価制度によって定められます。一般的には、人事評価表を使って評点を入力するという形式を用いますが、こうしなければならないというルールはありません。次に挙げる2つは、評価方法のうち広く利用されているものです。

1つは、目標達成度評価です。目標管理制度などを用いて、目標に対する達成度を評価します。目標を上回ると評価は高くなり、下回ると評価は低くなります。

もう1つは、多面評価です。同僚など仕事で関わる人たちが多面的に評価をすることで、被評価者のさまざまな特性を把握できるようになります。なお、評価権限を評価する人全員に委譲するわけではありません。評価に関する情報を多方面から集める仕組みが多面評価です。

それぞれ、次のような特徴があります。どちらかが優れた方法というわけではなく、これらを組み合わせて評価することもあるでしょう。

ほかにもさまざまな評価方法があるので、興味がある方は調べてみてください。

表6.2.1　**目標達成度評価と多面評価の特徴**

	特徴	注意点
目標達成度評価	●目標を自己管理することで、目標を達成する強い動機がもたらされる。 ●自分で目標を設定することで、目標とのギャップを分析できる。 ●目標と結果が明確になるので、評価がわかりやすい。	●目標設定を個人が行うため、目標達成基準が曖昧になりやすい。 ●明確で具体的、計測可能な目標を作成する必要がある。 ●企業の目標との関連付けを行う必要がある。 ●適切なレベルの目標を作成しなければならない。
多面評価	●複数人から評価が集まることで、評価が属人的にならない。 ●評価者が多いことで、新しい気づきがある。 ●評価者へ評価基準をインプットできる。	●評価者によって評価基準がばらつきやすい。 ●評価者からの期待値によって、評価が変わる。 ●好き、嫌いなどの感情に左右されやすい。 ●評価者が多くなることで評価にかける時間が増える。

評価フィードバックは慎重に

評価フィードバックは、通常のフィードバックと基本的な考え方は同じです。フィードバックに加えて、評価と処遇を通達します。

評価フィードバックをするには、十分な準備が必要です。たとえば、具体的な評価事実と評価結果に至るロジックを用意して、「なぜこの評価結果なのか」を説明できるようにします。良い評価でも、評価フィードバックの準備を怠ってはいけません。なぜなら、良い評価結果に対して説明がなければ、「なぜこの評価結果なのか」を理解できないため、成長につながりません。あるいは、雑に評価されていると感じて、モチベーションが下がってしまうこともあるでしょう。

次に挙げる図は、自己評価と評価者評価の高低を4象限に分けたものです。この2つの評価に差がある場合は、入念に準備をして慎重にフィードバックをしましょう。

図6.2.2　自己評価と評価者の評価

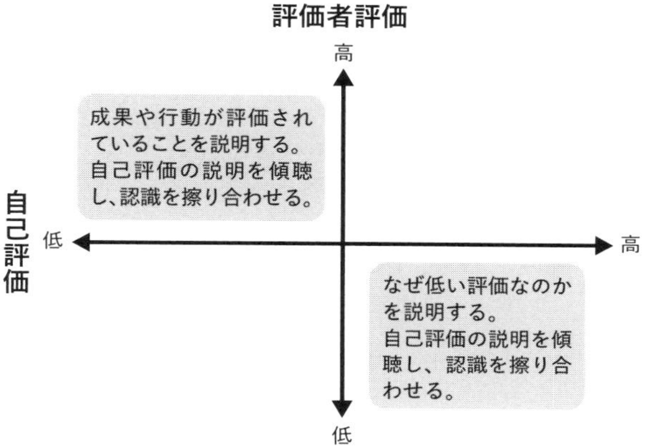

評価の差は、評価基準や評価事実に対する認識の違いによって生まれてしまいます。一次評価と二次評価でも、評価に対する認識に相違があるのを説明したとおり、自己評価と一次評価でも同様です。認識の違いについてお互いが理解することで、納得性の高い評価につながります。そのためには、フィードバック面談で被評価者の意見を傾聴し、評価者の認識を説明してすり合わせるとよいでしょう。

評価フィードバック面談の流れは、①評価結果を伝える、②被評価者の反応を確認して傾聴する、③評価の差について説明する、④今後の課題と期待をすり合わせるのが基本になります。企業からの評価を一方的に伝える場ではなく、対話の場だと考えることでより良い評価フィードバックになるでしょう。

納得性の高い評価のために

評価フィードバックは、処遇によっては伝えづらいフィードバックにもなるかもしれません。たとえ評価結果に被評価者が納得できないとしても、その評価結果を覆すことは許されません。したがって、納得するまでしっかりと対話をすることが必要です。

評価の納得性は評価だけにとどまらず、あらゆる側面に影響があります。評価に納得ができないとモチベーションが低下して、最悪の場合、退職してしまうこともあるでしょう。実際に、評価結果が「不満だ」という声は多くあり、退職理由の2割は評価に対する不満だといいます（厚生労働省）。

評価者は、評価基準に沿って評価をするとともに、評価結果を説明して納得してもらうように努めなければなりません。納得性の高い評価を実現するために、高原（2008）は次に挙げる5つの原則を示しました。

①公正な評価

評価制度の目的に沿って正しい運用がなされること。悪意の利用から守られていること。

②評価基準の明確化

評価対象や評価尺度が具体的であること。

③評価基準の理解

評価基準がみんなに伝わっていること。

④評価基準の厳守

評価基準が守られていること。

⑤評価責任の自覚

評価者が、被評価者の成長に責任があるということを自覚して評価すること。

「人事評価の教科書：悩みを抱えるすべての評価者のために」（高原暢恭. 2008. 労務行政. p.42）より引用

この原則にプラスして、評価事実と評価者自身の納得性、評価における人間の心理について捕捉を加えます。

評価事実を取り巻くもの

評価事実は、被評価者を日常的に観察して集めます。同期的に観察するのが難しい環境でも、日報や1on1ミーティングなどを用いることで、評価事実は集まるでしょう。

評価には、評価期間（クォーター、半年、一年など）があります。評価期間に起きた事実だけを、評価事実として扱います。ところが、時間が経つと過去の出来事は忘れてしまい、直近の出来事が強く印象に残ってしまうでしょう。そのため、評価期間内の評価事実ではなく、ごく最近の評価事実に注目してしまうことがあります。たとえば、評価期間の最初に高い成果を出して後半に失敗をした場合は、失敗が評価に強く反映されてしまいます。このような評価をすると、被評価者は評価に不満を抱くでしょう。評価期間で起きた評価事実は、すべて公平に扱わなければなりません。

外的要因により成果が変動した場合はどう扱えばよいでしょうか。たとえば、発注元が仕様変更をした影響により開発費用が増大したり、景気が良くなりプロダクトの売上が倍増したりするなど、外的要因によって成果が変動することはよくあります。どのような環境下であろうと、企業は最終的な成果に責任を持つため、社員に対しても成果を期待することになるでしょう。したがって、基本的には外的要因がどうであるかにかかわらず、本人が生み出した成果の高低をそのまま評価します。

しかし、外的要因を加味せずに評価事実と成果評価だけを並べても、納得性が高い評価にはなりません。そこで、能力評価と情意評価を用います。能力と情意は、被評価者によってコントロール可能な要素群です。能力と情意を発揮できるかどうかは、被評価者の責任です。成果評価・能力評価・情意評価の3つ要素群を用いて、評価事実を確認することにより、公正な評価が可能になるでしょう。

評価者自身が納得しているか

一次評価と最終評価の結果が異なっていても、最終評価の結果を「企業の評価」として被評価者に説明するという原則があります。

この原則に従うと、最終評価で評点が下がった場合でも、一次評価者が説明責任を負います。この場合、一次評価者としては高い評価をつけているのに、評価が下げられていることに納得できないかもしれません。それゆえに、「私は良い評価を付けたのですが、上司が悪い評価にしました。評価結果は気にしなくていいですよ」というように説明をしたくなりますが、このような説明をすると、被評価者は企業としての評価に不満を抱いてしまいます。あるいは、一次評価者の評価は意味がないと思われるかもしれません。どちらにしろ、評価の納得性を下げる要因になるでしょう。

評価の納得性を高くするには、評価者自身が最終評価に納得しているかを問うことです。最終評価に対して、納得ができない場合は二次評価者に確認して、最終評価に至るロジックを納得するまで確認すべきです。

評価と心理の関係

評価には、人間の心理が深く関係しています。人間の心理は、評価における認識の違いが生まれる要因です。そのため、評価者の基本的な知識として人間の心理を理解しておきましょう。評価者自身にも影響している心理効果を把握できなければ、公正に評価しているつもりでも、歪んだ評価になっているかもしれません。

また、被評価者の心理も同様に理解しなければなりません。被評価者も、さまざまな心理効果にとらわれながら、自己評価や評価フィードバックを受けています。これを修正・調整しながら、正しく評価を伝えることも評価者の役割です。

認知バイアス

人間は誰しも認知に偏りがあります。その偏りは、思い込みや勘違い、行動傾向などあらゆるものに影響を及ぼすでしょう。認知の偏り――いわゆる認知バイアスの数は、100を優に超えるほどの数があるといわれます。

認知バイアスの中から評価に関係するものをいくつか紹介しましょう。これらは、認知バイアスの中の極一部です。興味のある方はほかの認知バイアスも調べてみてください。

- **ハロー効果** ― 1つの特徴に引っ張られて、対象を歪めて見てしまう心理。その特徴が、良い印象であれば肯定的に、悪い印象であれば否定的に捉えてしまう。たとえば、高い学歴を有しているから頭がいいと評価するなど。
- **確証バイアス** ― 自分にとって都合の良い情報だけを集めて、不都合な情報は集めない傾向のこと。被評価者は自己評価の際に、評価者は評価事実を集める際にこの傾向が現れやすい。
- **後知恵バイアス** ― 発生した出来事を、事前に予測可能だったと考える傾向のこと。「この事故が起こることはわかっていたのに、あなたは対策をしていなかった」というように、予測不可能な出来事を、被評価者の能力不足や怠慢として扱ってしまうことがある。
- **結果バイアス** ― ある決定の質を評価する際に生じる誤りのこと。その決定から偶然にも悪い結果が出た場合に、決定の質自体を低く評価してしまう。

- **選択支持バイアス** — 自ら選んだ選択が、別の選択肢よりも正しいと考える傾向のこと。被評価者が誤った選択をしていても、正しい選択をしたと思い込んで自己評価をしてしまうなど。
- **フレーミング効果** — 同じ意味を持つ情報に対して、焦点の当て方によって受ける印象が変わること。たとえば、「数字目標を90%達成したので、この評価になった」と、「数字目標が10%未達だったので、この評価になった」は、同じことを言っているのに印象が異なるだろう。これに影響を受けて、被評価者の行動も変わってくる。

評価にもエラーがある

意外かもしれませんが、評価にもエラーがあります。**評価エラー（評価誤差）**は、評価者の主観や印象などによって、評価結果に誤差が生まれることです。

評価エラーを防止するには、評価者自身の評価傾向、いわゆる評価のクセを把握することです。二次評価においては、一次評価結果に評価エラーがないかを確認して、評価エラーが起きている場合は修正をしましょう。

主な評価エラーには次のようなものがあります。

- **印象評価** — 被評価者に対する漠然とした印象を、評価に影響させてしまうこと。たとえば、「仕事ができない」という印象を持っている人に対して、その印象を評価結果に反映させてしまう。それにより、評価期間や評価事実に関係のない評価になってしまう。
- **中心化傾向** — 一律的に、標準値や中央値などの普通評価をしてしまう心理。高い成果の被評価者を過小評価し、反省点が多い被評価者を過大評価する。たとえば、5点尺度の評価点が、3点前後の狭い範囲でしか点がつかないことがある。
- **寛大化／厳格化傾向** — 中心化傾向とは反対に、極端に偏った評価をつけてしまう心理。被評価者全員に対して、甘い評価をつける寛大化傾向、厳しい評価をつける厳格化傾向がある。
- **論理的誤謬** — 独立している評価項目を同一評価、あるいは類似評価をしてしまう事象。評価者が、各評価項目の間に密接な関係があるという論理を作り上げてしまうことで、評価エラーを起こす。

- **対比誤差** — 評価者自身を基準として、評価してしまう事象。評価者の専門領域は評価が低くなり、専門外の領域は評価が高くなってしまう。
- **期末効果** — 評価期間すべてを評価の対象にするのではなく、期末に近い事象を評価に強く反映してしまう心理。評価期間が半年や一年などの長期の場合に発生しやすい。
- **逆算化傾向** — 評価結果としての処遇（賞与や昇給など）を念頭に置き、逆算してつじつまを合わせてしまう事象。被評価者を昇格審査に入れるために、逆算をして評点をつけるなどする。被評価者から感謝を受けたいといった自己中心的な理由で起きることもある。

評価をすることは簡単のように思えて、非常に難しく訓練が必要なスキルです。評価制度や人間の心理などを学ぶことで、より納得性の高い評価をできるようになり、人材の成長につなげられるでしょう。

第7章
技術とわたしのマネジメント

エンジニアリングマネージャーとは、「エンジニアリング組織の成果に責任を持つ者」という定義をして、ここまでにコミュニケーション・チーム・組織・人材について学んできました。

最後は、技術と自分のマネジメント――いわゆる、テクノロジーマネジメントとセルフマネジメントについて学びましょう。

第7章で学ぶこと

- 技術戦略とロードマップの作り方
- 技術選定の考え方
- セルフマネジメントの方法
- 時間の管理方法
- マネージャーとして成長するための考え方

7-1. テクノロジーマネジメント

エンジニアリングマネージャーは、技術戦略策定や技術的意思決定などに携わります。これらは、テクノロジーマネジメントと呼ばれるマネジメントドメインです。

テクノロジーマネジメントは、経営学における技術経営（Management of Technology）としての定義があります。技術経営とは、技術を使ってプロダクトを作り出すための経営です。本書では、技術経営の一部でもあり、エンジニアリングマネージャーも関わる機会がある「技術戦略」と「技術選定」について触れることにします。

技術戦略とは

技術戦略は、機能戦略の一部であり、企業戦略から独立して策定されるものではありません。企業戦略と事業戦略に連動して策定するため、マーケットとプロダクトに強く関連しているのです。

図7.1.1　**技術戦略**

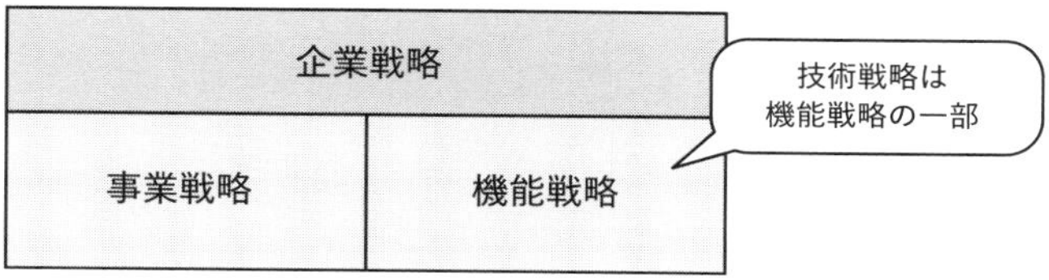

技術戦略において、重要になるのはコア技術です。コア技術とは、他社が模倣できない難しく複雑なもので、プロダクトの中核を担う競争優位性がある技術です。自社で開発した独自技術や特許技術、複雑なビジネスを実現するドメインロジックやアルゴリズムなどもコア技術になるでしょう。

技術を「競争優位性」と「プロダクト価値」という軸で分類すると、コア技術のほかにリード技術、ベース技術、一般技術に大別できます。

- **コア技術** — 競争優位性とプロダクト価値が高い技術。
- **ベース技術** — 競争優位性は低いが、プロダクト価値が高い技術。OSSや模倣可能な技術などがある。
- **リード技術** — 競争優位性は高いが、プロダクト価値は低い技術。プロダクト価値を見いだせていない新しい技術などがある。
- **一般技術** — 競争優位性とプロダクト価値が低い技術。

図7.1.2　技術の分類

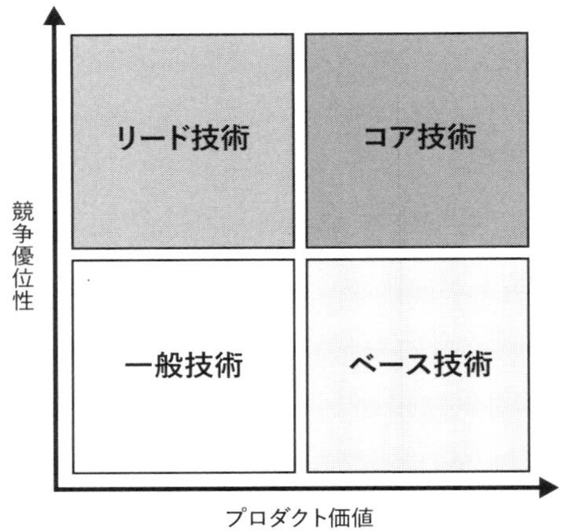

技術戦略を作るには、自社のコア技術を見いだして、内部環境と外部環境を分析します。コア技術は、自社にとっての競争優位性の源泉になるため、コア技術を生み出したり継続的に革新したりすることを、技術戦略に組み込みます。

一方で、コア技術はリード技術に代替されることもあるでしょう。これは、市況や技術革新によって、コア技術の競争優位性が損なわれるなどして発生します。技術の流行り廃りがある中で、企業戦略とマーケットやプロダクトも見据えて技術戦略を描くことは、簡単なことではありません。

技術戦略を描く

技術戦略は、**テクノロジーロードマップ**としてモデル化することがあります。テクノロジーロードマップとは、戦略的かつ長期的な計画を明示化して、そのプロセスをサポートするソリューションです。

テクノロジーロードマップを作ることで、技術を取り巻く環境との連携を可視化できます。たとえば、マーケットとプロダクトとの連携を時間軸の上に表現します。

図7.1.3　**テクノロジーロードマップのイメージ**

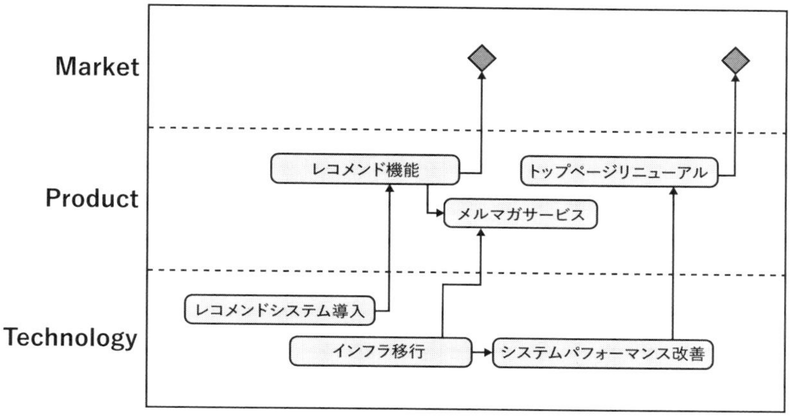

マーケット・プロダクト・テクノロジーのレイヤーが相互に連携したロードマップを作るためには、いくつものコミュニケーションが必要になります。ロードマップを中心として議論が交わされることで、レイヤー間にあるギャップを埋められます。ところが、各レイヤー間でコンフリクトが発生することもあるでしょう。コンフリクトを解消するためには、各レイヤーがお互いを理解しなければなりません。

テクノロジーロードマップを作るプロセスは、①マーケットを分析し、②プロダクト仕様を抽出し、③技術を抽出し、④ロードマップを作成するになります。その過程において、各レイヤーはそれぞれの情報や知識を共有します。このような、マーケットの「プル」とテクノロジーの「プッシュ」のバランスをとることが、組織をまたいだコラボレーションにつながるでしょう。

図7.1.4　マーケットの「プル」とテクノロジーの「プッシュ」

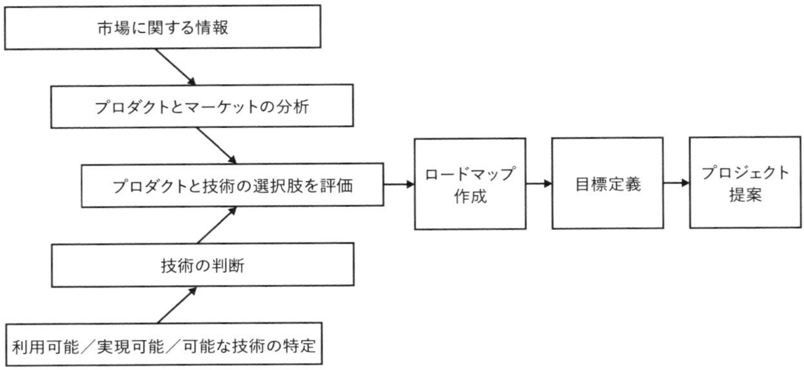

テクノロジーロードマップをトップダウンで作っただけでは、現場を無視した非現実的なものになり、反発も起きてしまうためロードマップの実現は難しくなります。対して、ボトムアップで作ると視座の低いロードマップになってしまい、大胆な戦略が生まれないかもしれません。したがって、テクノロジーロードマップは、トップダウンとボトムアップの両方から作る必要があるでしょう。たとえば、トップダウンである程度の指針を立ててから、ボトムアップでフィードバックをしてもらうことで、ロードマップの質が向上します。その際、マネージャーはマーケットやプロダクトロードマップと整合性を保つように調整をします。

テクノロジーロードマップは、それ単体では価値がありません。それどころか、ロードマップそのものより、ロードマップを作るプロセスのほうが重要だといいます。マーケット・プロダクトなどの組織と協働して、トップとボトムを行き来しながら作成するプロセスにこそ意味があるのです。このプロセスで生まれる共通認識や知識が、テクノロジーロードマップがもたらす価値になります。

技術選定

テクノロジーマネジメントでは、どの技術を使用するかという意思決定をすることがあります。これは、技術選定と呼ばれています。技術選定では、自分が使いたい技術を使うなどの私的な理由ではなく、技術戦略に沿って適切な技術を選択しなければなりません。

技術選定の選択肢には、いくつもの候補が挙がります。自社で研究開発をして作り出す、OSSなど技術を組み合わせる、あるいはSaaSを利用するなどして技術そのものを購入できるかもしれません。代替手段も含めて、どの手段を使うか決定することが技術選定です。

技術選定において大事なことは、「解決したい課題は何か」です。流行っている技術を選定したところで、企業戦略が実現できなければ意味がありません。最先端の技術を選定したところで、ユーザーは技術そのものに価値を見いだしません。ソリューションをいくつも並べて、技術戦略と照らし合わせることで、企業として技術選定ができるようになるでしょう。

また、技術選定にはさまざまな前提や制約があります。基幹システムは、後になってからの変更が簡単にはできません。外部連携システムは、一度決めた仕様が不可逆になることもあります。技術戦略と前提と制約を考慮すると、どの技術を選べばいいのか悩むこともあるでしょう。

技術選定に悩んだ際は、比較軸を明らかにすることで思考の整理をします。たとえば、**意思決定のマトリクス**を用いることで、比較軸と優先度が可視化できるようになります。

表7.1.1　**意思決定のマトリクス**

	導入コスト	パフォーマンス	セキュリティ	合計
ウェイト	x1	x3	x2	
技術A	4	2	2	14
技術B	1	4	4	21
技術C	3	4	2	19

意思決定のマトリクスは、1軸に選定している技術、もう1軸に比較対象となる項目とウェイトを置きます。各項目に点数を入力してウェイトと掛け合わせることで、比較対象の技術を採点します。これにより、技術が数字で比較できるようになり、どの技術を選べばいいのか判断しやすくなるでしょう。先の例では、技術Bが総合的に適していると判断できます。

一方で、技術選定に絶対解はありません。決定はイチゼロではなく、一部分だけの採用が適切なときもあるでしょう。新しい技術の選択は、実験でもあり未来への投資ともいえます。技術選定をしたら終わりではなく、結果をふりかえり、組織として学ぶことが大事です。技術選定によって学んだことが、新しい価値やイノベーションの芽になるかもしれません。

7-2. セルフマネジメント

マネジメントの対象は、組織や人のほかにも「自分自身」があることを忘れてはなりません。自分自身をマネジメントすることで、自分の行動や時間、モチベーション、目標などをコントロールします。これを、セルフマネジメントといいます。

マネージャーは、他人のマネジメントをする前に、セルフマネジメントをできるほうが望ましいです。セルフマネジメントができないと、気分によって人への接し方が変わったり、業務に追われて対話する時間がなくなったりするなど、いくつもの問題が発生してしまいます。

ところが、セルフマネジメントを意識して行っている人はそう多くありません。自分自身はマネジメントの対象ではないとしているか、セルフマネジメントを継続できないためです。セルフマネジメントは、他人のマネジメントと同様に難しいものですが、鍛錬することで使いこなせるようになるでしょう。

瞬間のマネジメント

セルフマネジメントにおいて、その最小単位は**瞬間のマネジメント**です（ハンター・稲墻, 2020, p.38)。瞬間のマネジメントでは、自分の身体に現れる感覚、感情、思考していることを事実として認識します。これらの事実を客観的に分析することで、自分の認知フレームを発見します。それにより、今まで見えていなかった自分のパターンがわかるようになり、新たな選択肢を挙げられるようになるでしょう。

たとえば、相手の意見に対して反射的に発言をするのではなく、一呼吸置いて瞬間のマネジメントを行います。瞬間のマネジメントにより、自分が何を選択したいのかを認識します。その選択で自分が本当に望む結果を得られるのか、別の選択肢は何があるのかを考えてから発言をすることで、より良い結果を得られるようになるでしょう。

特定の感情をマネジメントすることも同様です。たとえば、アンガーマネジメントは、怒りという感情を受け止めます。それと同時に、「なぜ怒っているのか」に対して、「何を選択するか」という瞬間のマネジメントをしています。

事象に対して、自分がどのような行動や感情を選択するかは、限りなく自由です。厳しい言葉を受けたときにモチベーションを落とすことも、腹立たしいことに怒りを感じることも、自分の選択になります。何が起ころうとも、自分の行動や感情は自分自身で選択できるのです。

何も考えないで事象に反応してしまうと、いつもと同じ選択をしてしまいます。たとえば、天気が悪いと気分が悪いのは、無意識のうちにその気分を選択しているからです。これに対して、天気が悪くても気分は選択できると考えてみてください。きっと、晴れやかな気分になれるでしょう。

問題を発見したとき、あなたは何を選択していますか。ピンチというのはピンチと反応しただけであり、チャンスというはチャンスと反応しただけかもしれません。問題に対する行動は、問題をどう捉えたかによって決まるのです。

時間のマネジメント

マネージャーは、会議などのコミュニケーションに多くの時間を使います。会議は、自分の意思と関係なく発生することがあり、予定どおりに仕事を進められないこともあるでしょう。会議が多くなると、まとまった時間の捻出が困難になり、細切れになった時間の合間で個人業務をすることになります。

このような状況になる前に、時間のマネジメントを試してみてください。時間のマネジメントができると、時間を効率的に使用できるだけではなく、新たな時間を作り出せるようになります。時間のマネジメント手法として、優先順位の付け方と委任の方法、集中の作り方を紹介しましょう。

優先順位を定義する

マネージャーの目の前には、多くの課題があります。組織に関することから技術に関することまでさまざまです。課題に追われて仕事をしていると、緊急性の高い仕事にだけ時間を奪われてしまいます。

今対応するべき課題かどうか判断するためには、課題の優先順位を定義しましょう。優先順位を定義することで、自分が今やるべきことに注力できます。これは、やらないことを定義するともいえるでしょう。

優先順位の定義は、課題を「緊急」と「重要」の観点で判断します。この2軸で優先度を大別すると、①緊急かつ重要、②緊急ではないが重要、③緊急だが重要ではない、④緊急でも重要でもないの4つに分類できるでしょう。これらを4象限としてまとめたものを、**時間管理のマトリクス**と呼びます。日常の業務を時間管理のマトリクスに当てはめてみると、そのほとんどが重要ではない課題だとわかるでしょう。

図7.2.1　**時間管理のマトリクス**

	緊急	緊急ではない
重要	内容： 障害対応 期日の迫った仕事	内容： 先を見越した準備、計画 人間関係構築 学習
重要ではない	内容： 電話 チャットの返信 会議 意味のない接待や付き合い	内容： 雑用 メールの返信 意味のない雑談

「緊急だが重要ではない課題」は、目の前に溢れていているため、受動的に反応してしてしまいます。これに対して、「緊急ではないが重要な課題」は、能動的に動かなければ着手できません。「重要ではない課題」を避ける、時には断るなどして「重要な課題」にフォーカスする意志が必要にな

ります。

たとえば、プログラミングは時間管理のマトリクスにおいて、どこに属するのでしょうか。それが、「重要な課題」に属するなら、プログラミングに時間を使うべきです。「重要ではない課題」であれば、本来やるべき「重要な課題」を優先するべきでしょう。

課題を委任する

目の前の課題は、自分が取り組むべき課題なのでしょうか。自分以外が解決可能な課題に対して、必ずしも自分の時間を使う必要はありません。そのような課題は、委任するという選択肢があります。［委譲はマネージャーのスキル］で説明したとおり、委任から委譲には権限レベルがあり、レベル2〜6が委任になります。

委任は、課題の特性や実務者の状況に合わせた判断が必要です。委任をすることで実務者の仕事は増えますが、その人の成長を促すこともできるでしょう。たとえば、コスト管理の課題を委任した場合、実務者はコスト計算の方法などを学べます。

どのような課題を委任するか、その判断軸に「複雑さ」と「頻度」を用いて整理してみましょう。書籍「エンジニアのためのマネジメントキャリアパス」で提示された整理方法を紹介します。

表7.2.1　**委任スタイル**
（「エンジニアのためのマネジメントキャリアパス」で提示された判断基準）

	頻繁	頻繁ではない
単純	委任	自分でやる
複雑	慎重に委任	訓練目的で委任

「エンジニアのためのマネジメントキャリアパス」（Fournier, C. 武舎広幸・武舎るみ訳. 2018. オライリー・ジャパン. p.142）より引用。

課題を委任する先には、チームメンバーや同僚をはじめいくつかの選択肢があります。その選択肢の1つに、ソフトウェアも入れてみましょう。単純で頻繁に発生する課題は、ソフトウェアによって自動化できる可能性があります。また、複雑な課題に対しても、ソフトウェアはミスなく実行できます。

ソフトウェアを実務者に含めると、課題は次のように整理できるでしょう。

表7.2.2　ソフトウェアを実務者に含んで考える委任スタイル

	頻繁	頻繁ではない
単純	自動化する	手動で行う
複雑	ソフトウェアを購入または開発する	自動化する

「エンジニアのための時間管理術」（Limoncelli, T.A. 株式会社クイープ訳. 2006. オライリー・ジャパン. p.191）を参考に筆者が表7.2.1に対応するように編集。

課題を委任することで、新たな時間を作り出せるようになります。委任を適切に使いこなすことは、時間をコントロールするためのスキルになるでしょう。

フローを作る

次から次に舞い込む仕事に、都度対応していると時間はあっという間になくなってしまいます。飛び回るように仕事をすることで、さまざまな考えが頭の中を駆け巡ってしまうでしょう。これを、猿が木の枝から枝へと飛び回ることに例えて、モンキーマインドといいます。

モンキーマインドは、都度集中が途切れてしまうため、頭のスイッチング・コストが非常に高くなってしまいます。猿たちが頭の中でうるさく騒ぎ立てているときに、集中などできるわけがありません。また、一度注意が逸れると集中した状態に戻るまでには時間を要してしまいます。加えて、時間的プレッシャーや不満、精神的作業負荷などのストレスも感じてしまうのです(Mark, Gudith, & Klocke, 2008, pp.107-110)。

したがって、集中をコントロールできると生産性は高くなります。時間を忘れてしまうほど仕事に熱中している状態を、誰しも経験したことがあるでしょう。そのような状態を、心理学ではフローと呼びます。フローは、創造的な活動や高い技術力を要するような仕事に適しているといいます。また、疲れを知らず時間がすぎるのも忘れて、大きな満足感を得ることもできるでしょう。フローの心理状態を、心理学者チクセントミハイはメンタルステート図で表現しました。メンタルステート図には、縦軸に課題の難しさを示す「挑戦レベル」と、横軸に必要な能力を示す「スキルレベル」があります。

図7.2.2 **チクセントミハイのメンタルステート図**

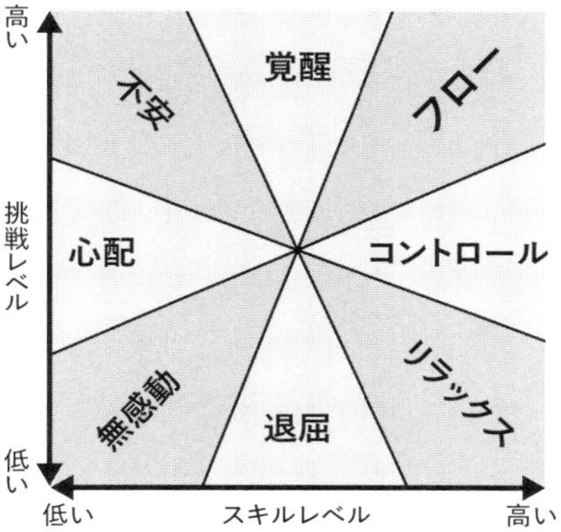

自分の能力に対して、ほどよく難しい課題に取り組むと、フローに入りやすくなります。フローに入ることで、チャレンジングな課題も解決できるようになるでしょう。プログラミングという仕事は、フローに入らなければ高い成果をあげることはできません。マネジメントも同様で、フローに入らなければ対処できない課題が多くあります。

フローに入りたくても、ただ待っているだけでは入れません。作業の中断を回避して、集中できる環境を作り、フロー状態を作れるようにすることが大事です。フローにうまく入れない場合は、自分の仕事を観察して「何にどれくらい時間を要しているのか」、「どのような中断が発生するのか」をふりかえるとよいでしょう。

レベルアップ

技術を学ばないエンジニアは尊敬できませんが、マネジメントを学ばないマネージャーも尊敬できません。マネージャーも学び続けなければレベルアップはできないでしょう。

マネジメントが板についてくると、知らず知らずのうちに、コンフォートゾーンに入ってしまうことがあります。コンフォートゾーンで、安心安全にマネジメントをしている限りは、成長は止まってしまいます。新たな挑戦をして失敗から学ぶことで、マネージャーもレベルアップができるのです。

いつか優秀なマネージャーになると、組織の成果を何倍にも高められるようになるでしょう。それによって、自分一人では到底成し遂げられないようなことが実現できるようになります。これこそが、マネジメントの醍醐味かもしれません。

優秀なマネージャー

10xディベロッパーという神話があります。優秀なディベロッパーは、普通のディベロッパーに対して10倍の生産性を発揮するという神話です。神話の真偽は定かではありませんが、ディベロッパーの生産性に差があることは間違いないでしょう。

生産性とは、「生産諸要素の有効利用の度合い」と定義されています。有形・無形どちらでも何かを生産するには、人や機材などの資源を投入するでしょう。このような、生産のために必要なものを生産要素といいます。

生産性の測定方法にはいくつかの種類があります。たとえば、生産したものの物量を単位とする「物的生産性」や、生産したものの価値を単位とする「付加価値生産性」などです。生産性の測定は、これらの生産物の値（産出量）を投入した生産要素（投入量）で除算します。産出量に対する、投入量の相対的な割合が生産性です。

生産性というのはつまり、生産要素がどれだけ効果的に使われたかであり、この値が大きいほど生産性が高いといえるでしょう。

生産性 = 産出量(*output*) / 投入量(*input*)

ディベロッパーの仕事では、少ない労働時間で多くの物量や価値を生み出すと、生産性が高い状態といえます。10xディベロッパーともなると、普通のディベロッパーに対して10倍少ない労働時間、ないしは10倍の付加価値を発揮するでしょう。

エンジニアリングマネージャーの仕事は、企業のリソースを管理して、資産となるソフトウェアなどを産出します。投入したリソースによる産出量を最大化するのが、マネージャーの努めです。

では、優秀なマネージャーは普通のマネージャーと比べて、生産性にどれほどの差があるのでしょうか。

自分の組織のアウトプットと、影響力が及ぶ隣接組織のアウトプットが、マネージャーの成果というとおり、優秀なマネージャーは隣接組織の産出量まで高めていきます。影響力が広がるほどに、その生産性は何倍にもなるでしょう。

マネジメントは失敗から学ぶ

ただ待っていても、組織の生産性は変わりません。マネージャーは、生産性を向上させるために、組織を改善していく必要があります。組織のメトリクスなどから仮説を立て、仮説の確からしさが確認できたら検証し、そこから得た学びによって改善が進みます。

これは、プロダクト開発に似ているでしょう。プロダクト開発では、マーケットにリリースすることで仮説が検証されます。同様に、マネジメントも組織にリリースすることで、仮説が検証できるのです。

いかにして高速に仮説検証を繰り返せるかが、マネジメントにおける成果の鍵になります。決断を1日でも悩んでしまうと、リリースまでのリードタイムも1日以上長くなってしまうでしょう。マネジメントもアジャイルなのです。

マネジメントには、こうやればいいという正解がないため、行動をしないことには何もわかりません。しかし、行動をすると「失敗するかもしれない」という恐怖もあるでしょう。「失敗してもいい」と、軽々しくはいえませんが、何もしないことが最良の選択肢なのかを思い出してください。多くの失敗こそが、組織と自分の成長の糧になると信じるよりほかはありません。

エンジニアリングマネージャーを楽しむ

マネージャーは、しばしばゼネラリストだといわれることがあります。それには、次に挙げる2つの理由があるでしょう。

第一に、マネージャーにはさまざまなスキルが必要なためです。いくつものスキルを身につけて組み合わせることで、組織の成果を高めていきます。第二に、マネジメントに求められる知識の幅が広いためです。本書で学んだとおり、リーダーシップ論から経営学や会計学など、その範囲はいくつもの分野にもおよびます。

一方で、マネージャーはスペシャリストの側面も持ち合わせています。マネジメントという分野を専門的に学び、学んだスキルや知識を現場で応用していくのは、スペシャリストと同じです。エンジニアは、いくつもの技術知識を学び応用します。マネージャーは、いくものマネジメント知識を学び応用します。マネージャーとエンジニアで違うのは、アプローチする先がソフトウェアか人かでしかありません。

これまでに学んできた、対話の基礎・チームの作り方・戦略の考え方・戦略の実行・人材の成功などが、ゼネラリストとしてのマネジメントの基礎になるでしょう。これらを、学び深めて業務に応用することで、スペシャリストとして飛躍できるはずです。

そして、いつか自分のマネジメントスタイルを確立するときがきます。マネジメントスタイルとは、マネジメントにおける行動パターンのことで、人それぞれでまったく違うものになります。マネジメントスタイルによって、スキルの使い方も違えば、重視することも異なるでしょう。マネジメントスタイルは、言わばポリシーや哲学に近いものかもしれません。あるいは、自分の行動指針ともいえるでしょう。自分なりのマネジメントスタイルを持つことで、軸がブレないマネジメントをできるようになり、日々のマネジメントで悩む時間が少なくなります。

エンジニアリングマネージャーの道は、決して平坦ではありません。時には、逃げ出したくなることもあるでしょう。しかし、困難を乗り越えてこそ、深い学びや達成感を得られます。

マネジメントの探求を続けることで、エンジニアリングマネージャーの仕事がさらに楽しいものになると信じています。私たちのエンジニアリングには、終わりはありません。

あとがき

2018年9月25日、Engineering Manager Meetupというイベントが開催されました。エンジニアリングマネージャーに関心のある人たちが集まり、知見などを共有するイベントです。そのイベントで取り上げられたテーマの1つに、「エンジニアリングマネージャーとは何か」がありました。イベントをとおしてこのテーマを考え始めたときから、マネジメントを探求する私の旅がはじまり、ひいては本書を執筆するに至りました。

本書では、エンジニアリングマネージャーの基礎的・基本的な知識と技能を一冊にまとめることを目指しました。しかし、マネジメントの世界は非常に広く、本書に書ききれなかったことは多量にあります。ここから先は、読者のみなさま自身でマネジメントの探求を楽しんでいただければ嬉しい限りです。

本書の執筆にあたり、多くの方々にご支援いただきました。

レビュアとしてご協力いただいた、大庭直人さん、広木大地さん、古川亮一さん、松岡剛志さん（以上、50音順）から、貴重なご意見とアドバイスをいただいたことで、本書ができあがりました。心からお礼を申し上げます。

本書を執筆する機会をいただいた技術評論社の野田大貴さんには、書籍の企画から出版に至るまで編集を担当いただき、ありがとうございました。

最後に、執筆活動を支えてくれた妻と子ども達に感謝します。ありがとう。

引用・参考文献

グロービス. (2014). ファシリテーションの教科書: 組織を活性化させるコミュニケーションとリーダーシップ. 東洋経済新報社.

コーチ・エィ. (2019). コーチングの基本 (新版). 株式会社日本実業出版社.

ジェレミー　ハンター・稲墻聡一郎. (2020). ドラッカー・スクールのセルフマネジメント教室. プレジデント社.

沼上幹. (2004). 組織デザイン. 日本経済新聞社.

福原真知子監修(2007). マイクロカウンセリング技法: 事例場面から学ぶ. 風間書房.

高原暢恭. (2008). 人事評価の教科書: 悩みを抱えるすべての評価者のために. 労務行政.

佐々木恒男. (2011). ファヨール: ファヨール理論とその継承者たち. 文眞堂.

千賀秀信. (2011). 管理会計の基本: この1冊ですべてわかる. 日本実業出版社.

中原淳. (2017). フィードバック入門: 耳の痛いことを伝えて部下と職場を立て直す技術. PHP研究所.

世古詞一. (2017). シリコンバレー式最強の育て方: 人材マネジメントの新しい常識1on1ミーティング. かんき出版.

広木大地. (2018). エンジニアリング組織論への招待: 不確実性に向き合う思考と組織のリファクタリング. 技術評論社.

琴坂将広. (2018). 経営戦略原論. 東洋経済新報社.

中竹竜二. (2018). リーダーシップからフォロワーシップへ: カリスマリーダー不要の組織づくりとは. CCCメディアハウス.

南和気. (2018). 人事こそ最強の経営戦略: 日本型・グローバル人事の教科書. かんき出版.

ピョートル　フェリクス　グジバチ. (2018). 世界最高のチーム: グーグルで学んだ「働きがいのある会社」ナンバー1の秘密. 朝日新聞出版.

堀公俊. (2018). ファシリテーション入門. 日本経済新聞出版社.

入山章栄. (2019). 世界標準の経営理論. ダイヤモンド社.

向後千春. (2020). 世界一わかりやすい教える技術. 技術評論社.

岡本和也. (2020). MOT研究開発マネジメント入門. 朝倉書店.

國貞克則. (2021). 財務3表一体理解法. 朝日新聞出版.

栗田佳代子・日本教育研究イノベーションセンター. (2017). インタラクティブ・ティーチング: アクティブ・ラーニングを促す授業づくり. 河合出版.

野中郁次郎・竹内弘高 (Nonaka, I & Takeuchi, H). (1995). The Knowledge-Creating Company: How Japanese Companies Create the Dynamics of Innovation. Oxford Univ Pr. 梅本勝博訳. (1996). 知識創造企業. 東洋経済新報社.

渡辺三枝子・平田史昭. (2006). メンタリング入門. 日本経済新聞社.

田村次朗・隅田浩司. (2014). 戦略的交渉入門. 日本経済新聞出版社.

本間正人・松瀬理保. (2017). コーチング入門. 日本経済新聞社.

曽余田浩史・岡東壽隆. (2019). 新・ティーチング・プロフェッション (改訂版). 明治図書出版.

Appelo, J. (2010). Management 3.0: Leading Agile Developers, Developing Agile Leaders. Addison-Wesley Professional. 藤井拓訳. (2022). マネジメント3.0: 適応力の高いチームを育むための6つの視点. 丸善出版.

Barnard, C. I. (1968). The functions of the executive. Harvard University Press. 山本安次郎・田杉競・飯野春樹訳. (1968). 経営者の役割. ダイヤモンド社.

Bon, G. L. (1895). Psychologie des Foules. 桜井成夫訳. (1993). 群衆心理. 講談社.

Schmitt, C. (1932). Der Begriff des Politischen. 権左武志訳.(2022) 政治的なものの概念. 岩波書店.

Carnegie, D. (1998). How to Win Friends & Influence People. Pocket Books. 山口博訳. (2016). 人を動かす. 創元社.

Collins, J. C., & Porras, J. I. (1994). Built to Last: Successful Habits of Visionary Companies. William Collins. 山岡洋一訳. (1995). ビジョナリー・カンパニー ― 時代を超える生存の原則. 日経BP社.

Coplien, J. O., & Harrison, N. B. (2004). Organizational Patterns of Agile Software Development. Pearson. 和智右桂訳. (2013). 組織パターン: チームの成長によりアジャイルソフトウェア開発の変革を促す. 翔泳社.

Covey, S. R. (2020). The 7 Habits of Highly Effective People: 30th Anniversary Edition. Simon & Schuster. フランクリンコヴィージャパン株式会社訳(2020). 完訳7つの習慣: 人格主義の回復. 株式会社FCEパブリッシング キングベアー出版.

Deci, E. L. (1971). Effects of externally mediated rewards on intrinsic motivation. Journal of personality and Social Psychology, 18(1), 105.

DeMarco, T., & Lister, T. (2013). Peopleware: Productive Projects and Teams. Addison-Wesley Professional. 松原友夫・山浦恒央・長尾高弘訳. (2014). ピープルウエア 第3版 ヤル気こそプロジェクト成功の鍵. 日経BP社.

Doran, G. T. (1981). There'sa SMART way to write management's goals and objectives. Management review, 70(11), 35-36.

Drucker, P. F. (1999). Management Challenges for the 21st Century. Harper Business. Harper Business. 上田惇生訳. (1999). 明日を支配するもの: 21世紀のマネジメント革命. ダイヤモンド社.

Drucker, P. F. (2000). プロフェッショナルの条件 上田惇生訳. ダイヤモンド社.

Drucker, P. F. (1993). Management: Tasks, Responsibilities, Practices. Harper business. 上田惇生訳. (2001). マネジメント 基本と原則 エッセンシャル版. ダイヤモンド社.

Drucker, P. F., & Maciariello, J. A. (2005). The Effective Executive in Action. Harper Business. 上田惇生訳. (2008). プロフェッショナルの原点. ダイヤモンド社.

Edmondson, A. (1999). Psychological Safety and Learning Behavior in Work Teams. Administrative science quarterly, 44(2), 350-383.

Fisher, R., & Ury, W. (1981). Getting to Yes: Negotiating an agreement without giving in. Random House Business. 浅井宣夫・金山和子訳. (1989). ハーバード流交渉術. 三笠書房.

Fitzpatrick, B. W., & Collins-Sussman, B. (2012). Team Geek: A Software Developer's Guide to Working Well with Others. O'Reilly Media. 角征典訳. (2013). Team Geek: Googleのギークたちはいかにしてチームを作るのか. オライリージャパン.

Fournier, C. (2017). The Manager's Path: A Guide for Tech Leaders Navigating Growth and Change. 武舎広幸・武舎るみ訳. (2018). エンジニアのためのマネジメントキャリアパス: テックリードからCTOまでマネジメントスキル向上ガイド. オライリージャパン.

Goleman, D. (2000). Leadership that Gets Results. 森尚子訳. (2000). EQリーダーシップ（DIAMONDハーバード・ビジネス2000年9月号）, pp.137-152.

Gradini, R., Salgueiro,, S., & Budideti, J. (2019). Model-based technology roadmapping: potential and challenges ahead. In Proceedings of the 2019 Summer Simulation Conference (pp. 1-11).

Greenleaf, R.K. (2002). Servant Leadership. Paulist Press. 金井壽宏監訳・金井真弓訳. (2014). サーバントリーダーシップ. 英治出版.

Grosse, A., & Loftesness, D. (2017). Scaling Teams: Strategies for Building Successful Teams and Organizations. O'Reilly Media. 武舎広幸・武舎るみ訳. (2020). Scaling Teams 開発チーム組織と人の成長戦略: エンジニアの採用、マネジメント、文化や価値観の共有、コミュニケーションの秘訣 マイナビ出版.

Grove, A. S. (1995). HIGH OUTPUT MANAGEMENT. Knopf Doubleday Pubulishing group. 小林薫訳. (2017). HIGH OUTPUT MANAGEMENT 人を育て、成果を最大にするマネジメント 日経BP社.

Hölldobler, B., & Wilson, E. O. (2010). The Leafcutter Ants. W. W. Norton & Company. 梶山あゆみ訳. (2012). ハキリアリ: 農業を営む奇跡の生物. 飛鳥新社.

Hurlock, E. B. (1925). An evaluation of certain incentives used in school work. Journal of Educational Psychology, 16(3), 145.

Forsgren, N. PhD., Kim, G., & Humble, J. (2018). Accelerate: The Science of Lean Software and DevOps: Building and Scaling High Performing Technology Organizations. IT Revolution Press. 武舎広幸・武舎るみ訳. (2018). LeanとDevOpsの科学［Accelerate］テクノロジーの戦略的活用が組織変革を加速する. インプレス.

Kotter, J. P. (1996). Leading Change. Harvard Business School Press. 梅津祐良訳. (2002). 企業変革力. 日経BP社.

Lencioni, P. 伊豆原弓訳. (2003). あなたのチームは、機能してますか？ 翔泳社.

Limoncelli, T. A. (2005). Time Management for System Administrators: Stop Working Late and Start Working Smart. O'Reilly Media. 株式会社クイープ訳. (2006). エンジニアのための時間管理術. オライリージャパン.

Machiavelli, N. 池田廉訳. (2018). 君主論（新版). 中央公論新社.

Malhotra, D., & Max, B. H. Negotiation Genius: How to Overcome Obstacles and Achieve Brilliant Results at the Bargaining Table and Beyond. Bantam. 高遠裕子訳. (2016). 交渉の達人: ハーバード流を学ぶ. パンローリング.

Mark, G., Gudith, D., & Klocke, U. (2008). The cost of interrupted work: More speed and stress. In Proceedings of the 2008 Conference on Human Factors in Computing Systems (pp. 107-110).

Mintzberg, H. DIAMONDハーバードビジネスレビュー編集部訳. (2007). H. ミンツバーグ経営論. ダイヤモンド社.

Mintzberg, H., Ahlstrand, B., & Lampel, J. (2008). Strategy Safari: A Guided Tour Through The Wilds of Strategic Management(2nd edition). Pearson Education Canada. 齋藤嘉則訳. (2012). 戦略サファリ 第2版: 戦略マネジメント・コンプリートガイドブック. 東洋経済新報社.

Modig, N., & Åhlström, P. (2012). This is Lean: Resolving the Efficiency Paradox. Rheologica Publishing. 長谷川俊幸・前田剛貴・小俣圭訳. (2021) This is Lean:「リソース」にとらわれずチームを変える新時代のリーン・マネジメント. 翔泳社.

Osherove, R. (2016). Elastic Leadership: Growing self-organizing teams. 島田浩二訳. (2017). エラスティックリーダーシップ: 自己組織化チームの育て方. オライリージャパン.

Pascale, R. T. (1984). Perspectives on strategy: The real story behind Honda's success. California Management Review, 26(3), 47-72.

Phaal, R., Farrukh, C., & Probert, D. (2001). Technology Roadmapping: linking technology resources to business objectives. Centre for Technology Management, University of Cambridge, 1-18.

Phaal, R., Farrukh, C. J., & Probert, D. R. (2004). Technology roadmapping—A planning framework for evolution and revolution. Technological forecasting and social change, 71(1-2), 5-26.

Spencer, L. M., & Spencer, S. M. (1993). Competence at Work: Models for Superior Performance. 梅津裕良・成田攻・横山哲夫訳. (2011). コンピテンシー・マネジメントの展開（完訳版）. 生産性出版社.

Steinzor, B. (1950). The spatial factor in face to face discussion groups. The Journal of Abnormal and Social Psychology, 45(3), 552.

Taylor, F. W. (1997). The Principles of Scientific Management. Dover Publications. 有賀裕子訳. (2009). 科学的管理法: マネジメントの原点（新訳). ダイヤモンド社.

Tuckman, B. W. (1965). Developmental sequence in small groups. Psychological bulletin, 63(6), 384.

Vroom, V. H. (1995). Work and Motivation. Wiley.

Wodtke, C. Radical Focus: Achieving Your Most Important Goals with Objectives and Key Results(2015). 二木夢子訳(2019). OKR: シリコンバレー式で大胆な目標を達成する方法. 日経BP社.

索引

数字・アルファベット

1on1 53
5つの因子 89
5つの機能不全 92
6つのリーダーシップスタイル 78
ADDIEモデル 30
GROW 34
HRT 89
KPI 150
MBO 145
Management By Objective and Self-Control 145
OARR 62
OKR 148
SBI法 41
Scrum 136
SECIモデル 134
SoE 113
SoR 113

あ

アクティブリスニング 46
アクノレッジメント 45
暗黙知 134
良いチーム 87
意思決定 162
委譲 73
委任 197
インストラクショナル・デザイン 30
インテグレーション 119
エンジニアリングマネージャー 16, 21
オーガニグラフ 111

か

会議 59
会議におけるアンチパターン 61
会議を壊す 60
外部環境 129
ガニェの9教授事象 30
関心の範囲 118
管理 11
管理会計 138
管理原則 11
技術選定 192
技術戦略 188
機能別組織 103
逆コンウェイ作戦 160
クライアント 26
経験学習 54
形式知 134
傾聴技法 47
ケイパビリティ 130
交渉 122
行動変容 48
コーチング 33
コーチングモデル 34
コマンド・アンド・コントロール 71
コミュニケーション 26
コンウェイの法則 113
コンピテンシー 98
コンフォートゾーン 49
コンポーネントチーム 157

さ

サーバント 82
財務会計 140
採用 166
事業部制組織 104
自己組織化 99
視座 117
指示待ちチーム 70

質の高い会議 66
社内政治 121
瞬間のマネジメント 194
ジョハリの窓 36
人事制度 176
心理的安全性 87
水平チャンク 38
ステークホルダー 120
政治 122
責任 17
セルフマネジメント 194
戦略 113, 126
創発的戦略 128
組織構造 103
組織的知識創造 134
組織デザイン 154
組織とシステム 112
組織の3要素 102
組織文化 132

た・な

退職 93
タックマンモデル 76
チームスポーツ 86
チーム作り 86
チームのフェーズ 76
チャンキング 38
チャンクアップ 38
チャンクダウン 38
ティーチング 27
定例会議 60
テクノロジーマネジメント 188
ドラッカー 12
内部環境 129
認知バイアス 184

は

バス係数 94
発問 31
バリュー 151
ヒエラルキー 108
ビジョン 151
評価 175, 179
評価エラー 185
ファシリテーション 62
ファシリテーションプロセス 64
ファヨール 11
フィーチャーチーム 157
フィードバック 39
フォロワーシップ 85
分業 119
ホワイトボード 66

ま・や

マイクロマネジメント 72
マトリクス組織 104
マネージャー 14
マネジメント 11, 12
マネジメントドメイン 18
ミッション 151
ミッション・コマンド 71
メッセージング 42
メトリクス 130
面接 172
メンター 44
メンタリング 43
目標 100, 145
目標管理制度 146
予算 137

ら

ラポール 45
リーダー 12, 14
リーダーシップ 75, 78
リエゾン 119
リフレーミング 52
ルーブリック 174
例外マネジメント 108

著者略歴　佐藤大典

1986年北海道生まれ。2010年より、音楽スタートアップ企業でソフトウェア開発や新規事業立ち上げに携わる。その後、大手Eコマース企業やOMOスタートアップ企業にて、マネジメントや組織開発に従事。マネジメントに関する執筆活動や講演活動も行っている。

装丁・本文デザイン ● 西岡裕二
組版・作図 ● リンクアップ
編集 ● 野田大貴

お問い合わせについて

本書の内容に関するご質問は、下記の宛先までFAXまたは書面にてお送りください。お電話によるご質問、および本書に記載されている内容以外のご質問には、一切お答えできません。あらかじめご了承ください。

宛先：〒162-0846　東京都新宿区市谷左内町21-13　株式会社　技術評論社　雑誌編集部
『エンジニアのためのマネジメント入門』係
FAX：03-3513-6173　　URL：https://gihyo.jp/book/2023/978-4-297-13334-4

なお、ご質問の際に記載いただいた個人情報は質問の返答以外の目的には使用いたしません。また、質問の返答後は速やかに破棄させていただきます。

エンジニアのためのマネジメント入門《にゅうもん》

2023年　3月22日　初　版　第1刷発行

著　者　佐《さ》藤《とう》大典《だいすけ》
発行者　片岡　巌
発行所　株式会社技術評論社
東京都新宿区市谷左内町21-13
電話　03-3513-6150　販売促進部
03-3513-6177　雑誌編集部
印刷／製本　日経印刷株式会社

定価はカバーに表示してあります

造本には細心の注意を払っておりますが、万一、落丁(ページの抜け)や乱丁(ページの乱れ)がございましたら、弊社販売促進部へお送りください。送料弊社負担でお取り替えいたします。

ISBN 978-4-297-13334-4 C3055
Printed In Japan